U0926295
“社会生物学之父”
“当代达尔文”
知识的巨人
爱德华 · 威尔逊
Edward O.Wilson
HALF-EARTH

社会生物学之父：从玩蚂蚁的男孩到蚂蚁研究权威

爱德华·威尔逊出生于1929年，是当今生物学界当之无愧的翘楚，被誉为“社会生物学之父”。威尔逊在众多领域成就卓越，如果非要给他贴个标签的话，除了“进化生物学家”之外，“终身博物学者”、“多产作家”、“倾尽心血的教育家”或者“高调的公共知识分子”大概也同样适用。在这一切广泛而深刻的贡献之中，威尔逊的名声和成就都是建立在他对蚂蚁的研究之上的。威尔逊从6岁开始“玩蚂蚁”，从事蚂蚁研究60余年，其关于蚂蚁通信和蚁群社会结构的相关发现，奠定了他蚂蚁研究的权威地位。从蚂蚁研究到构建社会生物学体系，威尔逊感兴趣的“不仅仅是蚂蚁本身”。

如今，年过八旬的威尔逊见到蚂蚁，依旧像个小男孩一样天真。他会从花园的小路上捡起一只蚂蚁，念出它的拉丁文学名。蚂蚁已经融入威尔逊的生活之中，是其传奇人生的一部分。

湛庐CHEERS

与最聪明的人共同进化

HERE COMES EVERYBODY

当代达尔文：争议引发的“冰水事件”

威尔逊著作等身，文风卓然，两度获得普利策奖。20 世纪 70 年代，威尔逊写了三本里程碑式的著作，详尽阐述了他的社会生物学观点：《社会生物学》、《论人的本性》以及《昆虫的社会》。这三本书中贯穿始终的观点是：基因不但决定了我们的生物形态，还帮助塑造了我们的本能，包括我们的社会性和很多其他个体特性。这些主张招致了大量激烈的批评，社会科学的每一个领域都没缺席，甚至还包括进化生物学界的一些著名专家。从1975年至今，威尔逊的社会生物学理论一直在西方进化生物学界有着巨大争议。有人将其描述为“一场科学群架”。

在1978年美国科学促进会于华盛顿举行的年度会议上，威尔逊准备发表演讲时遭到了反种族主义示威者的冲击，有一位年轻妇女把一罐冰水倒在了他头上，其他示威者则齐声高喊：“威尔逊，你湿透了！”这句美国俚语的含意是：“你非常不受欢迎！”威尔逊自己后来不失风度地把这次事件称为“冰水事件”。据说这是近代美国史上科学家仅仅因为表达某个理念而遭到身体攻击的唯一一宗案例。

知识的巨人：从社会生物学到知识大融通

晚年的威尔逊致力于“知识大融通”。他提出的理论，从分子遗传学、生态学、人类学到认知科学，无所不包。在他的里程碑式三部曲中，威尔逊提出了一个理论来回答他心目中“生物学最大的未解之谜”——为什么生命历史上会有二三十种生物达成了伟大突破，建立起高度复杂的社会形态。在他看来，真社会性物种“绝对是生命历史上最为成功的物种”。人类当然算得上成功，毕竟人类已经彻底改变了环境，占据了独特的地位。不过要是按照其他一些标准，蚂蚁可能要更加成功。

THE ORIGINS OF CREATIVITY

创造的本源

[美] 爱德华·威尔逊—著
Edward O. Wilson
魏 薇—译

浙江人民出版社
ZHEJIANG PEOPLE'S PUBLISHING HOUSE

The Origins of Creativity

“人文”一词包括但不限于对以下内容的研究和解释：现代语言与古典语言；语言学；文学；历史；法理学；哲学；考古学；比较宗教学；伦理学；艺术史，艺术批评和理论；社会科学中具有人文内涵的部分；对人类环境中能集中反映多元化传承、传统和历史的人文内容的研究与应用，以及人文学科与国家生存发展现状关系的研究与应用。

——美国《国家艺术和人文科学基金会法案》

想要知道你对人类的创造力了解多少吗?

扫码获取“湛庐阅读”App，

搜索“创造的本源”，

来一探究竟吧。

目录

The Origins of Creativity

一　创造从何而来

1 创造是什么 | 005
2 篝火，开启创造的契机 | 012
3 语言，创造的真正源泉 | 025
4 崭新的原创方式带来创新 | 035
5 审美惊喜，标志性特征触发感悟 | 041

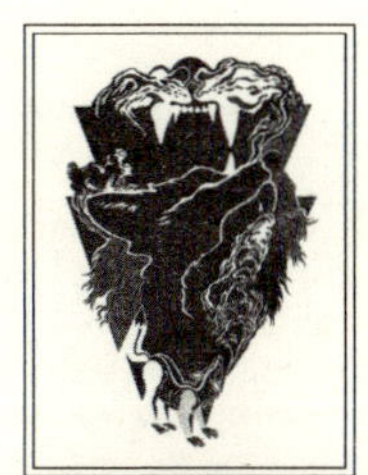

二　什么阻碍了创造

6 人类极端中心主义 | 053
7 重科学而轻人文 | 064

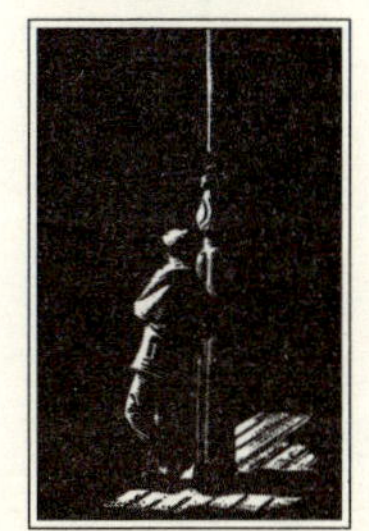

三　什么促进了创造

8 终极因：人类通过思考来实现生存 | 077
9 基岩：科学与人文融合的三种方式 | 083
10 突破：人类物种变得越来越统一 | 093
11 遗传文化：基因与文化协同进化的独特模式 | 097
12 天性：四个层面的改变释放创造力 | 102

四　自然给创造灵感

13 自然为母：我们赖以生存的环境 | 117
14 猎者凝神：天人合一的极乐境界 | 124
15 花园繁盛：人类追寻的精神家园 | 135

五　科学与人文的融合

16 借助隐喻：施展语言的魔法 | 147
17 寻找原型：人类共同情感的基础 | 151
18 探索荒岛：发掘相融的创造力 | 162
19 运用讽刺：赢得思想的胜利 | 167
20 重振哲学：迎接第三次启蒙 | 171

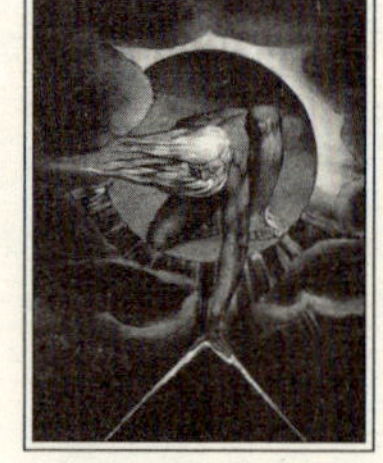

参考文献 | 183

败给狮子的狼，骄傲已成往事。

（本杰明·卡尔森，《狼和他的影子》，2015，版画，50.8cm × 76.2cm。）

THE ORIGINS OF CREATIVITY

一

创造从何而来

人文诞生于符号化语言。人类仅凭借符号化语言这一种能力，就将自身和其他物种鲜明地区分开来。语言与大脑结构共同进化，将人类思想从动物大脑中解放出来，使人拥有了创造力，并由此进入不受时空限制的想象世界之中。由此，人类拥有了巨大的力量。但正如我将在本书第一部分中讲到的，我们保留了古代灵长类祖先的情感。语言与情感的融合，大致构成了我们所谓的人文，也是我们之所以颇为高级、又异常危险的原因所在。

创造是什么

创造是人类物种独特且具有决定性的特征。人类的终极目标即自我理解，这与创造密不可分：我们是谁？我们从何而来？如果说我们受命运牵引，那么什么样的命运决定了我们未来的历史性发展轨迹？

创造是什么？创造是我们内心对创意的追求。创造的驱动力，是人类独有的对新颖事物的热爱。人类乐于发现新事物、新流程；乐于攻克现有问题，接受全新挑战；乐于享受始料未及的事实与理论带给我们的审美惊喜；乐于认识新面孔，体验新环境。我们通过创造所引发的情感反应的强烈程度，对创造力本身进行评判。我们向内心追寻创造力的根源，不断向人类共有思想的最深处挺进；我们向外界探索创造力的延展，不断想象宇宙万物间的真实情景。完成一个目标，又发现前方的另一个目标。这是一场永无止境的追寻。

学习有两大分支，即科学与人文，在我们的创造力追寻之路上两者是相辅相成的。两者都以创新为根源。科学的疆域，包括宇宙中每一件可能存在的事物；而人文的疆域，则包括人类思想中每一件可能构想出来的事物。

将人类的意识集为一体，我们每个人都能去往宇宙中的任何一个地方，拥有至高无上的权力，实现宏伟远大的目标，遨游在无尽的时空之中。当然，创造力一旦被脱缰的猜疑和人类与生俱来的动物性情绪所控制，我们天马行空的梦幻就很可能分裂至疯癫的境地。约翰·弥尔顿（John Milton）非常精辟地诠释了人类境况中所存在的这类巨大风险。

> 思想遗世独立，仅凭自身，
>
> 就能让天堂变成地狱，地狱化为天堂。

这样来看，思想无法轻易驰骋到广袤的未知世界，而更倾向于在熟悉的小圈子内兜兜转转，也许这并非坏事。而且，人们普遍不喜欢与自己的想法独处。由弗吉尼亚大学和哈佛大学的心理学家组成的团队进行了一项实验，请志愿者独自静坐 6 分钟，什么事情都不做，只是思考。研究发现，志愿者就连这么短的时间都不愿意坚持。他们更喜欢从事一些寻常的外部活动。如果没有其他事情可做，他们宁愿给自己施加电击。

包括科学和人文在内的所有生物学现象，对其完整的解释都包括三个层面的思考。对于任何可能存在的生命实体或生命过程，如鸟儿展翅、花儿向阳，第一个要提出的问题一定是，“这是什么”，然后由此总结出定义该现象的结构和功能。如果其中包括音乐和戏剧，那么就表演出来。第二个层面的问题是：“它是如何形成的？是什么令其存在成为可能？什么样的事件为其起源创造了条件，这些事件发生在十秒之前还是千年之前？”第三个也是最后一个层面的问题是：“为什么该现象及其先决条件一开始会存在于世？为什么这颗星球上并不存在的另一种不同的进化模式，不能产生另一种不同的思维大脑？”

科学家针对生命现象进行的研究，覆盖了上述三个层面。科学家选择某种实体或过程，穷尽其能力所及，针对“是什么，怎么样，为什么”的问题对各类细节和维度进行探索。

但是，生物学家也许比其他任何类型的科学家更重视在上述三个层面寻找因果关系的必要性。鸟儿展翅、人眼对花色的感知等生命现象所促成现实的“因”，被称为“近因”（proximate causes）。而引导该现象进化为当下状态的一系列事件，被称为“终极因”（ultimate causes）。近因是完整解释之中的“是什么”以及“怎么样”，终极因则是“为什么”。

针对有机生命，包括人类生命的科学解释，经常需要涉及近因和终极因。相比之下，人文之中所存在的探询性问题，最多只涉及近因。终极因总是被留给创世之神，或远古外星访客，或想象之中存在于人类思想深处的“令人畏惧的神秘力量”。随意举个例子，你面前有一朵红花。红色和其他所有色调一样，通过对构成可视光谱的电磁光谱中某一具体部分的刺激而显现出来。受体是视网膜中对红色敏感的视锥细胞。视锥细胞将信号传输到大脑皮层的工作中心，之后再一层层传递回大脑皮层的后部，随后和感知与情绪单元相集成，最后回到负责产生意识的前脑处理中心，令你说出“红色”这个词。根据母语的不同，你也可能说出“rot”“rouge”“krasnyy”“bombu”等词汇。

在上述研究成果的基础之上，科学家在近几十年间继续探索，发现了负责色彩识别的基因，以及包含这些基因的相互作用的 DNA 片段。

由此，科学研究就让我们距离解开有关人类色觉的第一层谜团更近了一步。然而，我们眼前随即又出现一条通往终极因的漫漫长路：为什么人类能看到某个特定的色彩光谱，却看不到红外线、紫外线，也看不到释放可视光的电磁光谱中大部分的光频率？继续向深处探索：为什么是 DNA 而非其他类型的编码化学物质，对色觉和地球上其他一切生命过程进行定义？是不是可以到想象中存在生命的外星球上找到与 DNA 在本质上完全不同的代码？为什么人类会拥有色觉，而不仅仅是分辨明暗关系？

关于这类以“为什么”开头的问题，若想找到答案，首先需要对史前史进行重建。在史前史阶段，人类物种从早前的古人类进化而来。继而追溯到数千万年前，那时，构成人类大脑和感觉的基本特性，还以原始的形式存在于最早期的远古灵长类动物体内。

一直以来，人文学者都局限于回答“是什么”。他们偶尔也会对“怎么样”的问题浅尝辄止,但基本上从不会步入“为什么”的世界。他们的发挥空间建立在一万多年前新石器时代早期就已存在的感觉和情绪的生物学特性基础之上，由此产生了独一无二的当代人文内容：创造艺术、语言学、历史、法理学、哲学、道德推理和神学。

看起来，“感觉上”可能是个更恰当的说法，只有人类的智慧和情感组合才能达到创造力的高度。创造力这一富有决定性的人类特征，经过了40亿年漫长发展，看来似乎需要经历进化过程中的某种独特工序，要么就是“上帝之手”对人类这个物种的特别关照。

这种在上千年的宗教理论中占据主导地位的猜测，无疑是错误的。我们可以很轻松地在自然界的先进社会组织中找到替代性跳板，随着时间的发展，其中一些有可能在进化过程中迂回至人类的水平。请看那些令人叹为观止的筑丘白蚁的杰作吧。这些生活在非洲和南美洲的白蚁，按分类学属于大白蚁亚科。它们筑成的土巢拥有多层结构，由土壤和粪便建成。其中居住着数十万只甚至上百万只白蚁，其巢穴的高度可以超过人类的平均身高。和人类住宅一样，它们的住所也经过精心设计。某些物种的白蚁巢穴还配备精妙的空调系统。巢穴中的管道持续不断地循环着来自周围地面的新鲜空气，并通过热对流原理，将巢穴中大批居民排出的浊气排到蚁丘之外。每一个白蚁巢穴都有一群任劳任怨、没有生育能力的工蚁群体，以及它们的父母双亲—— 一对负责全部繁殖工作的皇室夫妻。这样的现象是如何成为可能的？个头相当于你两个大拇指加在一起的巨大蚁后，持续不断地产出一串串蚁卵。工蚁通过体型划分阶层，进行劳动分工，其中还包括一支规模庞大、凶猛无比、长着大脑袋的敢死队军团。一次在苏里南，为了将它们那弯刀一样的下颚从大拇指上摘除，我不得不求助专业人士的帮忙。

“居民们”生活在蚁丘的地下，居住在那深达数米的迷宫般的走廊和小室之中，它们只有在几种特殊情况下才会来到地面上：新生蚁后和她的雄性配偶飞出蚁穴，去往他方建立新巢；大群工蚁在夜间出动，去寻找枯枝败叶的碎片。将耳朵贴近蚁穴（千万别贴得太近），你就能听到由无数细密的脚步声形成的若有若无的沙沙声。工蚁在夜间外出采集植物，是为了在地下花园种植一种可食用的菌类。

大白蚁是真正的超级有机体。每个蚁穴的集体智慧固然与人类和其他哺乳动物的水平相去甚远，甚至连绝大多数鸟类都不如，却高出独居昆虫许多。即便如此，白蚁的创造力也是相当于零。我们不妨假设，在漫长的进化过程中，白蚁发展出了人类水平的智慧。它们的“蚁文”（请允许我在此妄造个新词，用以与“人文”相对）包括下列内容：对绝对黑暗的环境的热爱（哪怕见到一点点日光，就会引发吸血鬼般的恐慌）；食材只有种植蘑菇，其他什么都不吃；性行为只存在于皇室成员之间；所有胆敢闯入属地的移民，只有死路一条，就连同物种都不放过；患病和受伤的成员会被不容分说地立刻吃掉；没有医院，没有怜悯。

在未来一两个世纪之内，航空科技很可能会带领我们走近并观察其他星系中的行星。人们无疑会开始四处寻找生命存在的证据。如果我们在外星球找到生命，找到一种或多种智慧生物，那么就要做好准备，应对无限的可能性。

篝火，开启创造的契机

人文并非诞生于迈锡尼希腊语中口口相传的神话故事，并非诞生于刻入泥土的苏梅尔文字，也并非诞生于史前埃及的雕刻神像。这些人类文明的早期成果都十分年轻，尚不到 1 万年。从人类物种的发展史角度来看，那不过是转瞬之间的事。同时，我们不能去沙尔韦和苏拉威西的石洞壁画中寻找人文的曙光，也不能在斯瓦比亚汝拉山中的鸟骨笛中探索人文的孕育。这些人造品，在各自的类别中拥有最古老的历史，但也不过是 3 万多年而已。

人文的诞生发生在更加久远的过去，那是接近 100 万年以前的事。如今想来，其诞生的所在地和所处环境竟是如此地合乎情理。开启人文生命的，就是最早期人类营地之中，夜晚时分的篝火。

这就是由古人类学家、考古学家、心理学家、脑科学家和进化生物学家共同研究、拼凑出的重建画面。这项研究的一个目标，是寻找人类物种本身的起源。而这个目标，在科学和人文领域都有着圣杯般的崇高地位。这个目标不断提醒着我们，历史就是有关文化进化的故事，而史前史则是有关遗传进化的叙述。史前史不仅能告诉我们在文化历史之前所发生的事情，也能告诉我们，人类物种作为一个整体，为什么会遵从这样的特定发展轨迹，而没有走上其他道路。

让我们暂且驻足回望，看向遥远的过去。为了对人类之前有可能踏上的多条发展轨迹进行对比，研究人员饲养了大批旧世界[①]灵长类动物。其中也包括现存的人类物种近亲——猴和猿。它们的进化历程，也包括与人类发展过程非常相似的各个阶段。

作为一名专注于社会进化研究的生物学家，我有幸在野外对绿长尾猴和狒狒这两个物种进行过观察。我还在富有先锋精神的灵长类动物学家斯图尔特·阿尔特曼（Stuart Altmann）的指导下，与一群半野生的恒河猴共处了 3 天。在埃默里大学的耶克斯灵长类研究中心，我与在人类圈养环境中长大、经过人类密集研究的倭黑猩猩卡泽（Kanzi）共进午餐，倭黑猩猩被认为是所有

① 地理学名词，泛指亚洲、非洲、欧洲三大洲，对应新世界（哥伦布发现的美洲）。——编者注

灵长类动物中与人类最相似的一种。

针对这些物种及相似物种进行研究后，专家发现，它们的大部分时间都用来四处寻找食物，一小部分时间被用来进行社交，包括联络感情、支配、臣服、梳毛、求偶、交配、照料幼崽、寻找并带回食物，领导以及对群体行为的遵从。

研究每一种旧世界猿猴的专家，都日益将关注点集中在“每一个群体成员在观察其他成员并与其互动的过程中学到了什么”这一问题。最核心的兴趣点在于：这些动物是如何利用这些社会信息的？当某一成员对同伴进行模仿时，科学家会问：它正在模仿的究竟是什么，是同伴的确切动作，还是其动作所带来的结果？举例来说，如果同伴为了捉一只蚂蚱吃而拔起一丛草，那么一旁的观察者能从这个行为中学到什么呢？是草丛里有食物，还是拔草的这个动作能获得食物？

由于个体将群体中的同伴也视为个体，能理解并预测它们的行为，并进一步去理解其行为可能产生的后果，因此，个体能利用这样的知识来为自己服务。对群体来说，最重要的是，观察同伴行为的个体知道如何、何时以及是否去采取竞争或合作行为。在信息收集基础之上形成的竞争与合作之间的相互作用，是成功社会组织之中的调速轮。

社会灵长类动物，从低等的长尾叶猴和猕猴，到高等的黑猩猩和倭黑猩猩，都拥有体积足够大的大脑，它们能在各类情况下感知同伴的情绪和可能采取的回应行为。有组织的社会群体之中的成员，知道其所处的地位，并且会在每一次与同伴交流时都根据自身地位准确无误地采取相应的行为。稳定社会中最成功的成员都拥有很强的同理心，它能看到其他成员眼中所见的事物，感受其他成员内心发生的情绪，并能精准地采取恰当的回应行为——何时向前，何时后退，给哪位梳毛，避开哪位，向谁发起挑战，与谁达成和解等。

同理心是读出他人内心感受并预测其行为的智慧。同理心与同情心不同。同情心是指因看到他人身陷困境而产生的情感关注，同时伴有向他人提供帮助、缓解对方痛苦的愿望。而同理心与同情心有着紧密的关系，并在人类进化的过程中促成了同情心的出现。

由此可见，科学家研究社会行为的最佳方式，就是刻意怀着同理心和同情心走进研究对象的生活，尽可能详尽地去了解每一个个体，尽可能与它们保持紧密关系。黑猩猩社会行为领域最著名的专家弗兰斯·德瓦尔（Frans de Waal），给出了如下工作指导：

> 我的职业需要我时常与动物保持互动。如果我无法对动物群体中正在发生的事情有任何识别能力，无法产生任何直觉，无法随着它们的兴衰沉浮而或喜或怒，那么这项工作就会无聊至极。同理心是我赖以维

> 持生计的必备能力，而我也通过密切跟进动物的生活，尝试着去理解它们行为背后的原因，取得了许多科学发现。这需要我设身处地地从动物的角度去思考。做到这一点，我完全没有问题。对待动物，我充满热爱和尊重。同时我认为，用同理心去做研究，能令我在动物行为面前成为一名更优秀的学生。

有着人类水平或接近人类水平的社会动物，都拥有与生俱来的同理心。神经生物学家发现，在社交过程中，人类和其他高级灵长类动物大脑中的三条神经线路会活跃起来。第一条负责心智思维，这个过程中会形成目标，以及达成目标的相应活动计划。第二条负责移情思维（即同理心），让自己设身处地地从他人的角度去思考问题，以便了解他人的动机和感受，并预测他人未来的行为。同理心是某种博弈，在这个过程中，个体与群体进行沟通，而群体也由此实现了自我组织。

最后一条负责镜像思维，个体由此感知他人的情绪和情感，并在某种程度上切身体验他人的感受。镜像思维随即引发对他人成功策略的模仿。同时，镜像思维也是通往同情心的路径之一，让人类拥有了弥足珍贵的悲悯之情。

显然，同理心和镜像思维已进化到了一定程度，其先进水平与群体成员之间相互交流的平均时间密切相关。针对时间进行的测量研究表明，这种相关性的确存在。四处游荡的稀树草原狒狒的社交时间不到 10%，而觅食和进食时间约占 60%。黑脸猴用 40% 的时间觅食和进食，而花在社交上的时间比狒狒还少。

人类用在社交上的时间，比这些旧世界灵长类动物要多得多。虽然人们的日程安排因职业的不同而存在巨大差别，但人们总是愿意聚为一群，在独处与社会交往之间不断切换。在发达国家，社交生活早已通过公共娱乐设施和社交媒体覆盖到了几乎所有人。

人类的集群性是不是促使我们获得高水平社会智力（特别是同理心、镜像思维和问题解决能力）的达尔文主义的驱动力？答案是肯定的，但集群性不过是进化出人类各种必备条件之中的一部分。若想看清全貌，我们要参考专家的解读方法，去探访古人类那独一无二的社会行为起源。进化出人类的决定性事件是大脑体积的大规模增长，其中发展最快的就是大脑额叶。从大约 300 万年前开始，前人类祖先的头盖容量从与黑猩猩相仿的 400 立方厘米增长到能人的 600 立方厘米，随后在大约 100 万年前，增长到我们的直系祖先直立人的 900 立方厘米，最终达到现代智人约 1 300 立方厘米的水平。

在自然选择的进化过程中，就像我们的日常生活一样，看似不起眼的小事件也可能引发影响深远的大规模结果。前人类进化过程中的小事件，就是从主要以水果、种子和软嫩枝叶等植物为食的饮食习惯，向以更多肉类为食的饮食习惯的转移。前人类的栖息地环境，也为这种生活习惯的转变提供了便利。非洲稀树草原地域广袤，其间点缀着河流、森林和零星的小片热带树林。对那些有能力的捕猎者来说，在视野辽阔的平原上捕获动物作为食物要容易得多。而且，因频频出现的雷击而引发的大火，将许多四散奔逃的动物困于一处烧死，从而进一步促进了前人类肉食习惯的养成。火焰也将其中的一些动物烤熟成为高能量食物。这些肉类食物富含蛋白质和脂肪，咀嚼起来也更为轻松。

饮食结构的变化，促成了从口腔到肛门的整个肠胃系统的变化，也令更新世灵长动物祖先变得更加富有社会性。食草猿猴常常独自寻找食物，而一旦开始食肉，就需要人类祖先在发动袭击时拿出更加紧密的合作精神。这样，当发现并猎取了体型较大的捕猎对象时，成员之间就要相互分享，避免因抢夺食物而发生致命的搏斗。同时，寻找并猎取大型动物也需要成员之间约定集合地和商量藏匿猎物的洞穴。

最后，在这种适应性转移的过程中，食肉习惯的优势又因前人类对火的利用和控制而得到进一步强化。前人类可以很轻松地从附近的地表火那里获得燃烧的枝干，并将其带回营地。我小时候参加童子军时，就做过这样的事。那是在亚拉巴马州的松树稀树草原上，我从一片即将熄灭的地表火那里找到了火种。我发现，虽然无人照料的人工篝火可能引发森林火灾，但是这样的因果关系倒置过来也同样讲得通：我们可以去野外采集火种并带回营地。前人类根本用不着通过打火石或钻木的方法引火。

专家普遍认为，现代人类的能人祖先改变了饮食习惯，开始更多地以肉类为食，由此引发了大脑体积和社会智力的急速进化。该理论尚未得到结论性的验证，但得到了直立人营地和篝火残迹的化石证据作为支持。直立人是能人的后代，也是人类物种的直系祖先。

现在，让我们再望向更加久远的过去，探索更深层的遗传史。大约 600 万年前，生活在非洲稀树草原上的一个类人猿物种分化成了两个物种。一个成为黑猩猩物种，这一分支后来再次分化成为两个现代物种："普通"黑猩猩和与人类更为相似的表亲倭黑猩猩。类人猿的另一分支，沿着由更新世灵长动物和多个种类的人类构成的进化迷宫一路发展，最终进化成为现代人类，智人这个遗世独立的物种也在其内。

黑猩猩与人类存在紧密的遗传关系，二者 98% 的基因都来自共同的祖先。由此，科学家对黑猩猩进行了大量研究，希望从中能发现人类思想和社会智力起源的奥秘。

科学家发现，个体黑猩猩对其他群体成员有着非常透彻的了解。它们会依据自身在群体中的地位和与同伴之间的关系采取相应的行动。它们有着极高的智商。它们有学习并记住一连串数字的能力，有时甚至比人类还要强。由于黑猩猩整天四处游荡，一半的时间都在树上度过，这种对数字的学习和记忆能力，很可能与它们适应了对树枝和树干，以及支持自身体重的最佳枝干顺序的快速回忆和评估有关。在充满大型捕猎者的环境中遵从熟悉的路线向前行进时，它们的数学能力也一定非常有用。狮子、鳄鱼以及可以让猎物一招毙命的会爬树的猎豹，每一种捕猎者都有其各具特色的伏击技巧。捕猎者藏身于几乎每一个角落，随时等待着猎物暴露弱点。

然而，虽然黑猩猩在某些方面显露出了高超的智商，但其他方面却逊色人类许多。黑猩猩是真的活在当下，它们连第二天的活动都无法事先做计划。而人类的构思能力，则能远及未来数千年，高及数百万千米以外的太空。给黑猩猩拿来颜料和笔，它们就能作画，但其绘画水平无法超越人类婴儿。举例来说，黑猩猩能画出一张脸的轮廓，但画不出其中的细节；而带有眼睛、鼻子、嘴的人脸图画，人类的小孩子轻而易举就能完成。

黑猩猩在合作和采取利他主义行为方面也远逊于人类。杜克大学的神经科学家布莱恩·黑尔（Brian Hare）和谭敬之（Jingzhi Tan）对黑猩猩和倭黑猩猩的相关研究进行了总结。他们观察发现，虽然猿类在互惠行为中很容易与同伴达成合作，但它们只能在几种相对简单的任务中做到这一点。

> 我们猜想，令人类成为独一无二的物种的特质，并非是对利他主义行为的倾向。我们的观点是，人类之所以会拥有非比寻常的合作态度，是因为人类能够灵活处事，在避免向他人提供高成本帮助的同时（高

成本帮助指对成功繁殖造成负面影响的行为），认识到互惠行为所能带来的好处……

为了将这个越来越复杂的话题尽量详细地讲清楚，人类物种的祖先发展出了足够强大的脑力，这既是为了与其他思想交汇，也是为了对无限的时间、距离和潜在的结果进行构思。简而言之，这种想象力的无限延伸，就是让人类变得伟大的原因。

心理学家和神经生物学家在人类成就的“是什么”和“怎么样”两个问题上，为我们交出了上述答卷。我们还需要在此基础之上继续前行，尽可能地为人类物种找到终极解释。为什么这一切会发生？为什么人类一开始会存在？我们认为，以更多肉类为食的饮食习惯是将前人类群体聚集在营地之中的原因，由此促成了更加发达的同理心、模仿能力和合作精神。但是，为什么这些变化会引发大脑体积的快速增长，使人类大脑成为生命世界复杂器官进化发展最快的案例？

几位人类学家在研究过程中发现，这个问题的答案实际上已经全然展现在我们眼前。如今依然存在于世界各个角落的那些以采集狩猎为生的社会群体，为我们提供了寻找答案的线索。营地的形成，篝火的掌控，在睡觉之前那漫长的夜晚时分，所有这些将群体紧密地聚集在一处。这段时间，他们既不狩猎，也不采集，更没有什么理由到周围伸手不见五指的黑暗中去探险。在别无选择的情况下，他们彼此接近，相互交流。每天的这段时间，就是他们讲故事、提升社会地位、发展盟友关系和比高下、定输赢的时间。火就是生命的源头，为人类提供温暖，烤熟食物。在夜间，火提供了一个由光线构成的避风港，在火的周围，夜行捕猎动物只敢远观，不敢走近。火光将人文带到了我们身边。

出于自我认识的目的，去猜测一下古人类在火光之中说过的话和做过的事非常重要。人类学家波利·维斯那（Polly W. Wiessner）对地球上现存的最著名的狩猎采集部族的围火夜谈做了详尽的记录。这个狩猎采集部族是生活在卡拉哈里沙漠之中的居霍安西人，维斯那发现，“日间谈话”和“围火谈话”之间的差距，比之前想象的还要大。日间谈话主要围绕在与行走、寻找食物和水有关的现实问题上展开。共同工作的人聊着关于寻找食物的事情。他们也互相聊八卦，客观上使其社交网络更加稳定。他们所选的话题极富个人色彩。居霍安西人的生存环境非常艰苦，所以他们的谈话总是充满着生死攸关的选择，彼此之间的对话也有着很强的实际意义。话题不会扯很远，也不会像休闲时刻放飞心情时那样充满梦幻的想象力。

到了晚上，人们的心情开始放松。在明暗闪烁的火光中，谈话的主题变成了讲故事，随后轻松过渡到唱歌、跳舞和宗教仪式。讲故事，尤其是男性的故事，经常与成功的捕猎和英勇的探险有关，那些都是他们白天整日从事的活动。正如伊丽莎白·马歇尔·托马斯（Elizabeth Marshall Thomas）在她 2006 年出版的经典著作《古老的方式：第一群人的故事》（*The Old Way: A*

Story of the First People）中讲到的一样，这些故事基本都是（或曾经是）在实际狩猎经历基础之上演绎出来的神话般的情节。在人群聚集之时，人们用特殊的语调一遍又一遍地重复着这些故事，如吟诵一般。有一个故事，引述了一位猎手的原话，讲的是他如何用毒箭射倒一只羚羊。虽然只能看懂翻译过来的文字，但我还是特别喜欢这个故事，因为这段讲述，很可能与10万年前的古人类的讲述如出一辙。古生物学家通过骨骼对已灭绝动物物种进行重建的同时，也有可能对这些原始祖先的远古社交生活进行重建。

> 哎！什么？那是只耳朵吗？是的，一只耳朵！以天空为背景，我能看到它的耳朵。它藏在树丛里，就在那，树丛的边缘。我紧盯着它。是的。它动了。它调转了一下身子，就一点点。嘿！它抬起头，它有些担心，它嗅着空气，它觉察出来了！它四处观望，我低伏身子，保持安静，它看不到我！它觉得自己很安全。它转过身。我在它后面。我匍匐向前，直到与它隔着这么近的距离。哎！从我这里到那里只有这么近了，我慢慢地拿出弓，装上箭，然后射出去。哇！我射中它了！它跳了起来。哈哈！它跳了起来，然后跑开了。就在这里，就是这里，箭射入它的身体。它跳了起来，然后往那个方向跑了，那个方向，不过我还是抓到了它。

据统计，讲故事，包括那些特意录制下来的关于成功狩猎和英勇探险的故事，占据日间全部记录时间的6%，占晚间时间的81%。讲故事的作用，是传达这个群体的全貌。讲故事，就是在利用单一的文化将人们团结成为以规则为基础的社区。正如早期居霍安西人记录中，一位名叫笛肖的长者所言："很久以前，我们的先辈有一个管理中枢，主要负责从最近一次居住过的地方的篝火余烬中取火，并带到我们即将迁往居住的新地方，点燃那里的篝火。"

语言，创造的真正源泉

居霍安西人是真正的人类。他们的头脑中储藏着关于自身部族的历史。他们知道自己是谁。他们和现代所有生活在城市中的人一样，用细长竖直的脖子勉强支撑着体积庞大的前脑。他们和我们一样，都拥有独一无二的语言能力。而语言，则是继真核细胞之后最伟大的进化成就。

自然界少数几个动物物种拥有初等文化。生活在当地的一群日本猕猴，在一只富有创新精神的雌猴的带领下，学会了怎样在水中清洗红薯。同样令人印象深刻的是，有的黑猩猩种群成员利用剥去树叶的树枝做钓竿，去钓取白蚁兵蚁，也就是我之前提到过的那些充满敢死队精神的昆虫斗士。只要有东西闯入巢穴，这些兵蚁就会死死咬住对方不松口。还有一群黑猩猩，它们学会了游泳和潜水或是在水中行进的方法。这些都是动物界存在真正文化的极为稀有的案例。这里的文化是指个体和群体发明出一种行为，通过其他成员的社会性学习而得以传播。但是，至少在已知的 100 多万个物种之中，我们没有发现哪个物种拥有语言。那么，语言究竟是什么呢？语言学家将其定义为“沟通的最高形式，是以音节表现出来的词汇的无限种组合，并且有意选定来进行意义的传达”（这是最重要的一部分）。人们用语言来标记任何可以构想出来的实体、过程或是定义实体和过程的一种或多种特质。

每个社会都有一种或多种语言。目前，世界上现存约 6 500 种语言，其中有 2 000 种语言的使用人数正在减少，面临绝迹的危险。甚至还有几种语言只剩下十几人会讲。

语言对于人类的生存是必要的，但其必要性又与脊骨、心脏和肺脏的功能性完全不同。从最简单的社会到最复杂的社会，语言都是其中的根基。语言令提问和知识成为可能，令我们的思想可以极速穿越时空，并凭借越来越精准的科学方法，造访地球之上和地球之外的任何地方。无论从自由和赋权的哪一个维度来看，语言都不仅仅是人文的创造源泉，而就是人文本身。

居霍安西人和纽约曼哈顿人的语言都是智慧思维的实质性内容。语言可以对过去发生的事件进行重复，对想象出来的未来进行描述。在这个过程中，人们所做的选择将成为决策，也就是我们所谓的自由意志。思想可以将经历整合为一体，从中构建出故事。这个过程从不中断，持续进化。以前的故事随着时间的推移逐渐消失，新的故事又在原先的基础上不断涌现。在创造力的巅峰，所有人类都在叙述、歌唱、讲故事。

如果语言是普遍存在的，那么它是文化的产物还是直觉的产物呢？许多关于儿童发展的独立研究都发现，语言既带有文化特征，又与直觉息息相关。也就是说，语言能力诞生之时所表现的形式，在世界各地的各个人群之中都是相同的。此外，通过语言发展出来的词汇和句子，则完全是后天习得的，由此形成了文化与文化之间存在天壤之别的各种语言。但是，就算在拥有先进文化的社会中，用语调节奏和轻重音来渲染情感的做法依然大同小异。这里举个轻重音的例子，请体会以下几个句子的差异。

请让**我解释**。

请让我**解释**。

请让我解释。

请**让我解释**。

再者，语法规则基本上都是后天习得的。20世纪中期，由诺姆·乔姆斯基（Noam Chomsky）大肆宣扬的通用语法理论由于太过复杂，太过学术化，让人很难理解，因为缺乏语言心理学研究人员的支持证据而被弃之一旁。

和其他类型的直觉一样，语言的获得也由一连串按部就班的步骤构成。语言的个体发生学中至关重要的早期形成阶段，就是婴儿的咿呀之声。就连刚刚离开母体 12 小时的新生儿，都能对人的话语做出反应，却对其他同样音量的声音置若罔闻。婴儿发出的咿呀之声并不是他人教授他们的，而是自发出现的。就连没有视觉和听觉的孩子，都能在没有外部视听刺激的情况下发出咿呀声。诸如“妈妈”“爸爸”等少数几个原始词汇则像是与生俱来的，发出这些声音是为了吸引成年人的注意。而当成年人听到这样的天性呼唤，便会以关照和爱予以回应。

在成年人的语言中，每一个词汇都可能是该种语言中的特有词汇。由此看来，文化是原生的，但语气和情感却在遗传进化过程中保持着固有、通用的特性。当人们听到一种不熟悉的语言时，依然能理解说话者的情绪。这一结论既得到了常识经验的支持，也得到了实验证据的验证。在一个著名的案例中，心理学家利用戏剧化的舞台表演，成功引导出了这样的效果。该实验正如人类直觉的权威研究者、人类行为学创始人依兰诺斯·伊布尔–依贝丝菲尔特（Irenäus Eibl-Eibesfeldt）的报告所言，值得我们在此全文引述：

> 塞德拉塞克（K. Sedlaček）和塞彻洛（Y. Sychro）从雷欧斯·伽拿赛克（Leos Janaček）的作品《消失者日记》（*Diary of One Who Vanished*）中提取了句子

“Tož už mám ustlané”（意为“床已经铺好了”），请23位女演员进行表演。在这句话中，吉普赛女郎赛尔卡色诱乡村少年伽尼赛克，而她的引诱之举，则充满了悲伤和厌世的情绪。研究人员让一些女演员表达出某种特定的情感，或完全不带任何情感（喜悦、悲伤、中立、实事求是）。另一些女演员则可以即兴选择情感的表达方式，但随后需要回答，她们在读剧本上这句话的时候，本意是想要传达什么样的感觉。研究人员将女演员们读剧本的录音播放给来自世界各地、拥有不同教育背景的70位听众听。

研究人员将录音风格分成以下几类：（1）简单陈述；（2）多情；（3）喜悦；（4）庄重；（5）喜剧风格；（6）讽刺与愤怒；（7）悲伤厌世；（8）害怕和恐惧。如果60%的回应都落入同一个类别，而余下的40%呈分散状分布于其他各个类别，那么研究人员就会将该案例视为具有鲜明的情绪特色。针对这次实验进行的评估结果，显示出了高度的一致性。不仅仅是参与研究的70位捷克人，而且来自亚洲、非洲和拉丁美洲的一些对捷克语和捷克文化完全不熟悉的学生，也能准确地确定语气中所传达的有效信息。为了将这些主观判断与客观数据进行对比，研究人员对语气、频率、振幅以及声谱都进行了记录。

有一段往事也令我切身感受到了语言本能的力量。记得在很小的时候，我曾有过失语的经历。关于克服自身问题的过程，我也能讲出一段故事来。后来我意识到，这段经历让我对大自然、人性以及我本人真实的内心世界产生了非常深刻的领悟。

我是家中独子，父母于 1937 年离异。当时正值“大萧条”那段水深火热的艰难时刻。那个时代，离婚依然被社会视为丑闻，而离婚所带来的经济变动，让我们的小家坠落到了贫困的边缘。我被判给父亲，终日随他四处奔波，几乎每年都要搬家。在华盛顿哥伦比亚特区和南部各州的许多地方，我一共在 14 所学校就读过。在南部，我生活过的地方包括密西西比州的比洛克西，佐治亚州的亚特兰大，佛罗里达州的奥兰多和彭萨科拉，以及亚拉巴马州的布鲁顿、迪凯特、常绿城和莫比尔。

居无定所的日子里，我总是在步行或骑自行车能到达的地方，寻找荒野或半荒野环境中的昆虫和爬行动物，通过这样的方式来获得片刻安宁。记得 10 岁那年，我们搬到了一个地方，离华盛顿的石溪公园只有几个街区的距离。于是，我决定带上捕蝶网和当地的昆虫指南，去那里好好探索一番。一直以来，我心目中都有几位英雄人物，并从他们的事迹中找到了灵感和启迪。其中包括离家很近的国家自然历史博物馆中陈列的如神般高高在上的科学家，以及《国家地理》杂志的作者。尤其值得一提的是威廉·曼恩（William M. Mann）。他于 1934 年创作的文章《跟踪蚂蚁：野蛮与文明》（*Stalking Ants: Savage and Civilized*），彻底改变了我的人生。后来，随着我父亲、他再娶的妻子和我像移民一样在南部四处奔波，我也交到了几个和我同龄的朋友，但我仍旧更喜欢独自到附近的荒野中探险。高中快毕业时，我正巧搬到了亚拉巴马州的迪凯特。那时，我的想法是先上大学，然后成为一名昆虫学家，这样就能一辈子一直待在户外，去探索未知的荒野，越走越远，并最终抵达我心中向往的“大热带地区”——亚马孙和刚果丛林。

但是，踏上梦想职业之路的旅程远没有我想象中的那么容易。我的科目成绩不完整，平时成绩非常一般，还偶尔旷课、考试不及格。亚拉巴马大学给了我起死回生的机会，我直至今日依然是怀着一腔热血的忠诚校友。当时，按州法律规定，亚拉巴马大学的录取要求只有两个：高中毕业和亚拉巴马州居民。我在大学期间非常努力，一路读到田纳西大学诺克斯维尔分校的博士，并在一年之后来到哈佛大学，完成了博士学位的学习与研究。自此，我便作为一名教员，将毕生事业交予了哈佛大学。

我到哈佛大学读博士时，年少时的职业梦想变得更加强烈。我依然一门心思地喜欢独自探索。在奖学金的支持下，我终于能亲身前往心目中真正的“大热带地区”——地球上最广袤、最不受人打扰的所在，也是最大规模的动植物群落的故乡。在 20 多岁的博士后阶段，我还去过墨西哥、中美洲、巴西亚马孙、澳大利亚内陆、新几内亚、新喀里多尼亚和斯里兰卡等地进行野外考察。

我发现，在完全没有人类接触的陌生环境中持续独处，很难产生新思想和新发现。我当时虽不了解个中原因，但也逐渐意识到，绝大多数人都有说话的强烈需求。他们每天都要说上一阵子话，如果可能的话，还要经常不断地说话。而每当我独自深入荒野时，便会持续地自言自语。就这样，我在那些偏远陌生的地方独自进行野外考察时，演化出了另一个截然不同的人格。此人没有名字，无论从哪个角度来看，都不是独立实体。我脑子正常，没有疯掉。简单来说，我的替换人格不过是另一种思维框架的转换。每次我对周围环境产生警觉时，每次被迫改变行动的优先顺序时，这个替换人格都会出现。此时，我会自言自语，但不会出声。举例来说，替换人格会在我于野外跟踪某一线索时，说出下面这样的话：

> 等会！停下！千万别错过那片树干上的附生植物，就算再难够到也不怕。那里面好像藏着一些特别有意思的东西，可能是一个蚂蚁巢穴，天知道究竟会是什么，你必须得看一看才行。（此处省略多个感叹词和咒骂语。）够不到。接着往前走吧。小心再小心！每迈一步都要留神！左前方那片茂密的树丛里可能有一条深沟。小心，小心，看一眼。等等！快看！快看！那里有一支蚂蚁队伍。真是前所未见的东西。藏在落叶里差点看不到。可能是兵蚁，但又不太像。也许是细颚猛蚁属蚂蚁？走近一点，走近一点，小心，小心，很

可能是新物种，全新的物种。

我和这个从不出声的猎手同伴兼话痨顾问一来一往地说着话，一门心思地进行着野外研究，如饥似渴地体味着环境之中的自然史。我的关注点一直在蚂蚁上。对野外研究来说，这是一个非常明智的选择。我后来得知，无论是从数量，还是从全球分布范围上来看，蚂蚁都在同等体型昆虫中占据绝对的优势。如今，到了 21 世纪第二个 10 年，研究人员已经识别出世界范围内的 14 000 个蚂蚁物种。我并非专门研究生物类别的分类学家，但因为我去过的每一个地方都能随处找到蚂蚁，所以一生之中，我通过野外考察以及他人采集到的尚未经过研究的博物馆标本，得以发现 450 个全新的蚂蚁物种，并为它们命名，确定拉丁文科学名称。

在我漫步于世界各地的森林和草原之中，静默地与自己对话时，我的目的是要找到尽可能多的蚂蚁物种，其中最重要的就是全新的稀有物种，并尽可能深入地去了解它们的社会生活：它们在哪里筑巢？群体数量是多少？社会等级怎么划分？吃什么？沟通系统是什么样的？每个物种在解剖学和社会行为上都是独一无二的，而且经常存在极大的差别。每一个物种都是全新科学知识的来源。我对它们进行过细致的研究，与其中几个物种共同生活，还发现了它们对自然荒野环境所产生的特定适应方式。我是蚂蚁故事讲述者，是这些数量庞大的昆虫的第一位代言人。

科学家和博物学家会告诉你，蚂蚁物种中的每一个，都有其自身与众不同的故事。侦查员和斗士们组成的队伍负责外出冒险，在家中，幼蚁的保姆和蚁穴的建筑师负责加固巢穴，赶走入侵者。如果蚂蚁的故事日复一日地重复着同样的内容，那么就会随着巢穴的发展循环而衍生出全新的篇章，要足足讲述一个世纪才能听到尾声。这个故事不是关于文化的，而是关于沿袭数百万年的遗传社会进化的。将蚂蚁的社会行为放到大局中来看，在一个物种接一个物种的故事中，我们有可能对它们所主宰的现代生命世界的历史进行重建。

毕生的研究，再加上一辈子的讲述、自语、唠叨，我终于明白，原来所有人都同属一个部落，那就是居霍安西。

崭新的原创方式带来创新

创意文学究竟是什么，通过什么样的方式可以将语言转化为艺术？我们如何对其进行判断？答案是，通过其风格和比喻的创新，通过其带来的审美惊喜，通过其为我们带来的持久的愉悦。请让我以例子开头，慢慢讲述。

一位读者在读到下面这段弗拉基米尔·纳博科夫（Vladimir Nabokov）的文字时，立刻能感受到文学的伟大之处：

> 洛丽塔，我的生命之光，欲望之火。我的罪恶，我的灵魂。洛—丽—塔：舌尖向上，分三步，从上颚往下轻轻落在牙齿上。洛…丽…塔…[①]

① 本段采用的是主万老师的译本。——编者注

为了更加生动地说明文学风格的无限种可能性，我认为有必要在此加上2011年美国国家图书大奖获奖作品——乔纳森·弗兰岑（Jonathan Franzen）的《纠正》（*The Corrections*）开篇的第一段话，作为对比：

> 深秋的一场冷空气正在疯狂过境。你能真切地觉出厄运即将降临的不详感。太阳低垂于天空，光线阴暗，行将消陨。四面袭来一阵紧接着一阵的狂虐秋风。树木不安地摇晃着，气温急转直下，北部地区的一切都即将面临终结。庭院中再也见不到孩子的身影。枯黄的结缕草拉出越来越长的影子。红橡树、针栎树和二色栎将橡果像雨点一样无情地洒落到没有抵押贷款的房子上。

我自知没有资格对文学作品发表评论，但这段描述听起来很像是前途一片光明的哈佛大学二年级学生为展示学习成果而苦心编纂出来的炫耀性作品。读罢这本厚厚的大书，总让人觉得，作为一部文学作品，真可谓是“干打雷不下雨”。对于某些人来说，可能读罢颇有收获，但于我而言并非如此。由此，弗兰岑的小说就带有一种令人无法忽略的做作的精致感。故事中的主人公，掩埋于各色品牌名称、未经定义的技术词汇、哲学典故，以及作者在思考过程中想到的其他各种能加入这碗文学“石头汤”的材料之中。这些小说属于文学评论家詹姆斯·伍德（James Wood）所称的“歇斯底里现实主义”。支离破碎的意识流中基本找不到对人性深度及其根基的关注或兴趣。

在此，我还要提出一个观点，对《纠正》以及弗兰岑之后的作品,广受好评的小说《自由》(*Freedom*)和《纯洁》(*Purity*)，以及类似的后现代主义文学作品之中的价值予以肯定。这些作品有如一部部人种志，对分崩离析的美国中西部家庭之中人物的个性和历史进行了精细的刻画。无疑,这些内容充满了闲话色彩(弗兰岑的写作口吻就仿佛他是你身边的一位滔滔不绝的友人)，这也是人们喜爱阅读自传和以第一人称口吻创作的小说的原因。这种喜爱是与生俱来的，带有非常鲜明的达尔文主义特征，是从之前讲到过的旧石器时代围火夜谈逐渐进化而成的。

后现代叙述方式，以及所有富含内在气质的小说作品，能做到一件科学做不到的事情：为读者给出某个特定时间地点的生动而精确的文化截图。这样的文学作品就像照片一样，能永久地保存下去。而保存的对象，不仅仅是其中人物的外表、形象、服饰、姿态和面部表情，也包括对于他们而言最重要的环境——他们的家、宠物、交通工具，以及行踪和街道。世上现存最古老的照片，是尼普瑟（Joseph Nicéphore Niépçe）于1826年或1827年（具体日期不详）拍摄的。其中的画面没什么特别之处，不过是一个普通的屋顶，旁边是街道景象，还有一位路人，在空无一物的街边站在马路牙子上等候着。他在等什么？要等到什么时候？每当看到这幅古老的景象，人们都会被深深吸引。每当想到自己已跟随这张照片穿越到了 200 年前的世界，人们都会有所触动。那个时候，林肯和达尔文还是十几岁的青少年，佛罗里达还是一片荒野，欧洲人还没有找到尼罗河的源头。

优秀的小说作品和古老的照片就如同历史的像素。将这些内容整合为一体，便创造出了一幅曾经真实存在过的画面，让我们能看到当时人们的生活状态，从早到晚，日复一日，以及随之发生的无穷无尽的后话。这就是为什么我们如此看重普鲁斯特的原因，也是我们将约翰·厄普代克（John Updike）高高捧上伟大文学家神坛的原因。正如厄普代克本人所言，他能以机智的笔墨刻画出美国小城镇中产阶级新教徒的生活细节和各种小毛病，尤其擅长讲述 20 世纪晚期的故事。

这种类型的艺术创新，还有一个非常重要的意义。艺术的进化与有机进化平行发展，两者都在发挥着作用。最优秀的艺术家和演员总是在不断寻找原创的方式，以图像、声音和故事的形式进行自我表达。原创性和风格代表了一切。而对创新的衡量手段，则是其所吸引到的模仿程度。由此看来，1863 年落选者沙龙（Salon des Refusés）对巴黎沙龙（Salon de Paris）提出的挑战，就是视觉艺术的经典案例。以 1907 年毕加索的《亚维农少女》（*Les Demoiselles d'Avignon*）为标志的立体主义向自由主义的宣战，则是另一个案例。在流行文化中，迪士尼于 1932 年推出了名为《花与树》的彩色动画片，摩城唱片公司于 20 世纪 60 年代晚期推出了由灵魂、布鲁斯和流行风格混为一体的新派音乐。这样的发展过程很可能会永远持续下去。越来越多的可能性令创新者心跳加速，腰杆挺直，鼓励着他们去探索更多的突破。到了20世纪晚期，创意艺术在新技巧和新风格上的实验，进入了飞速发展的时代。故弄玄虚的无调性音乐衬托着狂野荒诞的抽象艺术作品。为了原创而原创的精神，降临到创意艺术大师身上。

关于立体主义的起源，毕加索认为“蜕变”是其中心目标。

> 任何与自身地位相称的艺术家，必须认为创作对象的可塑性具有极大的可能性。以画苹果为例：如果你画一个圈，其可塑性就是一度。艺术家可能想要实现更高的可塑性。而这个创作对象最终的表现形式，就可能被刻画成正方形或立方体，而且最终作品与苹果这个创作对象毫不违和。

创新驱动力，可以很恰当地以遗传进化来打比方。文化进化让人类物种能适应那些不可避免、持续不断的环境条件变化。文化创新就相当于基因突变。这些生物学意外事件在人类历史上时有发生，其发生方式和程度与其他物种没什么区别。突变是多种多样的。从个体角度来看，突变发生的情况极为罕见，在大多数情况下，突变要么是有负面影响的（由此出现了数百种对人体有害的遗传性异常，诸如色盲、囊性纤维化、血友病等），要么是中性的，对健康或繁殖没有可以觉察出来的影响。随着时间的发展，这些突变要么消失，要么在绝大多数群体中保持着极低的出现频率，作为沉默的隐性基因与占主宰地位的有益基因在同一处共存。只有很少一部分突变是成功的，能为个体带来好处，并通过个体传播到整个群体。突变有时也会带来极大的影响，其中一个例子就是形成乳糖耐受的突变基因组合。DNA 碱基对微不足道的随机变化，就将乳类划归到了可食用的范围内，乳制品行业才得以在全世界范围内蓬勃发展起来。另一个例子就是镰状细胞基因突变。双倍突变会导致致命的贫血症，但单倍突变则会保护个体免受同样致命的疟疾侵扰。

我们每个人体内携带的不成功的和中性基因，被遗传学家称作突变负荷。其中一些基因在偶然对其产生偏好的环境中得以进一步形成改变和突变，由此形成了如今存在的人类有机体生物学。创新的力量绝不可小觑。虽然其中只有少数几个取得了成功，但正是这些力量驱动着创意艺术的发展。

审美惊喜，标志性特征触发感悟

严肃的艺术，无论表现为乐谱、手稿还是图像，都会在你初见时便牢牢抓住你的注意力。你会在相当长的一段时间里因为这部艺术作品而心无旁骛，任由心神被牵引到余下的内容之中。也许是为了理解整部作品想要传达的意义，或者是为了纯粹的愉悦感而重新回顾其中的片段。创造性作品给人带来的整体感觉（被称作“标志性特征”）也许出现在开头，也许出现在结尾。有时，只有当这部作品尘封于记忆多年，你偶尔回忆起来时才能意识到，关于它的第一个想法就是其标志性特征。

从标志性特征中可引出的一个话题是“审美惊喜”。标志性特征可以是美丽的，也可以是能令人直接产生深刻感悟的。举例来说，在视觉艺术中，船队远航的震撼、泰坦尼克号即将沉没的悲哀，都是极具标志性特征的。古斯塔夫·克里姆特（Gustav Klimt）的画作《阿德勒·布罗赫–鲍尔像》（*Adele Bloch-Bauer*），利用超现实的大面积金色背景做衬托，令画中女郎仿佛嵌入金属一般。弗朗西斯·培根在暴力扭曲的自画像中所运用的夸张手法，呐喊出赤裸裸的诚实与痛苦。1948 年的三冠王——名为“例证”（Citation）的伟大赛马，在骑手安德森（C. W. Anderson）的带领下一往无前，而其石版画常被人拿来与毕加索的《格尔尼卡》（*Guernica*）中那恐怖咆哮的坐骑相对比。

创意艺术家在从美丽与辉煌到恐怖与死亡的审美谱系中来回游走，利用自身艺术创作的标志性特征去捕获并牢牢抓住观赏者的注意力。在传统的风景艺术作品中，典型的例子就是阿尔弗雷德·汤姆森·布雷彻（Alfred Thompson Bricher）的画作。布雷彻以晦暗的褐绿色海岸为衬托，生动地表现出了惊涛之上给人以强烈震慑的白色泡沫。在抽象艺术中，汉斯·霍夫曼（Hans Hoffmann）的代表作以夺目的黄色长方形色块与大面积鲜红色泼洒图案彼此呼应，旁边还加上了神秘的深色团块。看到这幅作品，你会不由自主地注目观察：黄色到红色，再到黑色。而这么做究竟是出于什么目的，则要去你的潜意识思想深处寻找答案。

对简单可识别的特征予以关注并回应的直觉，并非人类所独有。其相当于行为科学家认为生命世界中普遍存在的“符号刺激”或“释放者”。有一个早期经典案例，讲的是雄性刺鱼的腹部会在交配季节变红，以这种方式作为领地标志，警告潜在的雄性竞争对手不可靠近。它们不需要一条真正长着红肚皮的雄性来表达立场，一个移动物体上的红点就能发挥作用。研究人员利用带有红点的各种形状的假鱼，都能引发雄性刺鱼的攻击行为，就连红色曲别针和圆圈都可以。红点，就是“符号刺激”。

嗅觉也是同样的道理。雄性飞蛾会被同种雌蛾释放到空气中的特殊化学物质所吸引。同一个晚上，可能会有数百个物种的飞蛾在同时进行沟通，但它们彼此之间不会干扰，因为每一种飞蛾都在利用自身特有的化学信号，即性信息素。实验中，当研究人员将同样的物质涂抹在毫无形状的假体之上时，同种的雄蛾便会在夜色中现身，不仅飞落到假体之上，而且还会尝试与假体交配。微生物界也是一样，只要细菌释放出同类信号，细菌之间就会聚集并进行基因交换。

符号刺激，或是能发挥相同作用的信号和信号组合，也同样是人类心智中的一部分。动物行为学家发现了另一种现象，即超常刺激，并进一步确认了其存在。很多人都知道，当银鸥的卵掉落到巢穴之外的地面上，或由科学家故意将其挪走，放到巢穴外面时，父母之中的一位就会将卵滚回巢穴里面。而许多博物学家都不知道的是，当实验人员将两只假卵并排放在巢穴外面时，父母会首先照顾更大的那一只卵，就算个头大得出奇也无所谓。在整个实验过程中，更大的卵总是能获得父母更多的关注，即使假卵的个头大到成年银鸥不得不费劲爬到上面。

诚然，大多数时候人类没有那么傻。但是，我们被直觉所统治的程度，远比人们想当然的要深刻得多。举例来说，从人们对年轻女性外貌的判断上，就能揭示出一种遗传性偏差。很长时间以来人们都假定，最具吸引力的面孔，是从健康人群大量面孔中提取出来的每一个指标的平均值组合。但是，当这种观念被拿来在终身生活于北美洲、欧洲和亚洲的居民中进行验证时，研究人员发现，平均值面孔并非众人眼中的绝色。最美脸庞的特征包括下巴相对于整张脸稍小于平均值，双眼之间的距离稍远，颧骨的位置稍高。其实，模特经纪公司、好莱坞演员经纪公司和创作大眼睛卡通人物的艺术家早就对此心知肚明。

由于与生俱来的偏好并非空穴来风，进化生物学家便会自然而然地提出问题，这种现象“为什么”会存在？以终极因为目标的探索，被称为“达尔文主义”。我们会问，如此的面部结构有可能在生存和繁殖上形成什么样的优势呢？其中一种可能性就是，这样的面孔更具少女气质。有着这样面孔的人，很可能更加年轻，是尚未生育过的处女，有着相对更长时间的繁殖潜力。

同样的基本原则在文学之中也适用。首先，请看艾米莉·狄金森（Emily Dickinson）所表达出来的审美上的极致情感：

> 这不是死亡，因为我站了起来。
>
> 所有的死者，躺下——

接近审美谱系的另一端，则是沃尔特·惠特曼（Walt Whitman）笔下船员的呐喊：

> 船长！我的船长！可怕的航行终于成功，
>
> 舰船挺过了每一处险阻，终极大奖捧在手中……

看到这样的语句，你的内心会产生一种共振，你知道接下来会发生什么，你也会记住当狄金森和惠特曼将诗句落于纸笔之间时他们内心澎湃的情感。

通常，以某种表达形式所体现出来的伟大审美力量，会得到另一种形式的支持，以强化该主题的表达力度。我们在亚历山大·吉尔克里斯特（Alexander Gilchrist）对威廉·布莱克（William Blake）闪金彩色稿本的描述中找到了生动的实例。当吉尔克里斯特于 1863 年发现这些稿本并将其公之于众时，他描述了这些手稿给人带来的震撼：

> 那不断流动的色彩，那如鬼魅般闪烁的光点，在字里行间翻滚、飞翔、跳跃；在安静角落里盛开的鲜花，那生动的光芒和喷薄欲出的火焰……令书页仿佛在原处颤动。

有时，仅仅是单纯的描述也能带给人富有震撼力的美感，而文字和视觉艺术一样，有时也会利用夸张的手法表达事实。下面这段文字摘自弗朗西斯·斯科特·菲茨杰拉德（F. Scott

Fitzgerald）创作的《了不起的盖茨比》（*The Great Gatsby*）：

> 月亮升空，那不起眼的房子消失在夜色中，而我则开始注意到这座古老的小岛。想当年，在荷兰水手的眼中，此处曾是多么繁荣，就像是新世界的一片胸膛，生机盎然，郁郁葱葱。那些已经消失了的树木，为了给盖茨比的房子腾地方而被砍伐，曾经令多少人为之魂牵梦萦。就在那一刹那的神往时刻，多少人因为这片土地的存在而屏住呼吸，因为自己也想不清楚、搞不明白的审美悸动而不能自已，此生最后一次体会到亲临梦境的震撼。

评论家对创意艺术的理解常常分成几个阶段。首先，他们以作品标志性特征为主线进行的评论，通常会将其与艺术家的早期作品和声誉进行对比。在长篇评论中，读者的兴趣一般能保持到内容细节的具体探讨部分。接下来，评论家会开始思考艺术家的创作意图，将引导出这部作品的艺术家人生历程及其所处环境与时代考虑在内。最后就是对作品的评判，也就是在从全盘否定到过分恭维的标尺上选一个位置进行总结。虽然类型不同，但评论文章本身就可以成为一部艺术作品。约翰内斯·勃拉姆斯（Johannes Brahms）的《第二交响乐》是一部伟大的艺术作品，而由莱因霍尔德·布林克曼（Reinhold Brinkmann）对其进行分析的文章，则是艺术评论的经典案例。

创意艺术之中的一些最具特色的标志性特征，不仅仅能给人们带来意料之外的审美，而且能上升到令人震撼的惊奇感。达到这一高度的最佳方式，就是在某个论断之后立刻以其矛盾的一面进行衬托。查尔斯·狄更斯（Charles Dickens）在《双城记》（*A Tale of Two Cities*）的开篇，便将这一手法发挥到了极致：

> 这是最好的时代，这是最坏的时代；这是智慧的年代，这是愚蠢的年代；这是信仰的时期，这是怀疑的时期；这是光明的季节，这是黑暗的季节；这是希望之春，这是失望之冬；人们面前应有尽有，人们面前一无所有；人们正踏上天堂之路，人们正走向地狱之门——简言之，那时与现在非常相似，某些最喧嚣的权威坚持要用形容词的最高级来形容它。说它好，是最高级的，说它不好，也是最高级的。

而另一种艺术形式——摄影，也有类似的特点。蕾切尔·萨斯曼（Rachel Sussman）在摄影集《世界上最老最老的生命》（*The Oldest Living Things in the World*）中，展示了树龄达几千年的树木和其他植物。古老的树木和年龄超过 110 岁的人类老寿星一样，总是横向发展，枝干蔓延，粗糙扭曲，毫无对称感可言，但它们又能激起人们心中的敬畏和惊叹，迫使我们去回想这些树木在青壮年时曾度过的已然消逝的漫漫岁月。看着这些非比寻常的有机体个体，一种负面联想令我困扰不已：这些树木中的许多物种都非常稀有，几近灭绝。从全球范围来看，现存最古老同时也是最稀有的树木，是澳大利亚的一株43 000岁的金氏山龙眼。如果年代计算没有出错的话，这株树木不仅仅是现存最古老的树木，也是该物种的最后一棵植株。

寓言与童话中总是充满了存在主义的各种冲撞。位于怀俄明州杰克逊霍尔的美国国家野生动物艺术博物馆中展出的本杰明·卡尔森的一幅版画（见002页），展示了一头狮子战胜一匹狼，即将要把狼吞掉的情景。画中讲述的，是一则关于傲慢与愚蠢的寓言：

> 一天傍晚，一匹狼精神饱满、胃口大开地离开了巢穴。它奔跑着，西斜的夕阳将它的身影长长地拉到地面上，看起来比狮子的身形大出百倍。狼骄傲地欢呼道："看看吧！看我有多大！想象我从微不足道的狮子面前跑过，该是多么得意的事。我要向它展示，谁才更适合做王者，是它还是我。"就在此时，一个巨大的身影将它完全吞噬，随即，一头狮子仅挥出一爪，便将狼彻底打倒。

通过创意艺术将人文与科学联结为一体，是一项难度很大的工作。那我们为何还要尝试这样去做呢？创意艺术是人类智慧的最高表现形式，却也是最短命的。海伦·文德勒（Helen Vendler）在谈及人文学科大融合的前景时写道："艺术能真实体现出我们现在的样子和过去的样子；体现我们现在的生活方式和过去的生活方式；能生动地体现出我们作为一个个活生生的人，被各种动力和情感所左右。”

讲到这里还很好，但文德勒接着补充道：“……但是艺术并不能真实地反映出人类的集体实体或社会学范式。”

由此，文德勒便为不可知的领域赋予了魔幻意味。尼采将这种不可知称为“彩虹边缘的色彩”。文德勒选择了约瑟夫·康拉德（Joseph Conrad），称他拥有“神秘而神奇的力量，能通过观察的手段制造出惊人的夺目效果，而这正是最高水平艺术的终极代言”。文德勒将自身的观念赋予其中，认为我们总是直接而不加分类地去对待诗歌作品，正如诗人所言：“我的所有后期作品都源于一种强迫，目的是解释特质风格的直接力量，传达诗歌的重要性。”

文德勒的一生走出了一段美好的旅程，沿途留下了多么细心的路标，供后人追随。尽管如此，艺术评论工作依然需要进行更加深入的挖掘。艺术本身蕴含着更多的意义，当我们利用科学知识对其进行审视时，就能放大这些意义。否则，创意艺术只会像森林之外的树木一样肆意生长，无法成为生命世界生态系统之中的一部分。

熟悉感带来的慰藉，在这里引用，是作为人文与科学双双失败的一个隐喻。

（威廉 · F. 史密斯，《路灯》，1938，纽约大都会艺术博物馆）

THE ORIGINS OF CREATIVITY

什么阻碍了创造

相较于科学领域，人文领域尤其是创意艺术和哲学，正日渐失去地位和支持。这种现象的产生有两点主要原因。第一，人文领域的领导人物一直固执地痴迷于狭窄的视听媒介，而视听媒介是我们在不经意间从前人类祖先那里遗传而来的。第二，他们很少会想到，我们这个有头脑会思考的物种，究竟为什么会具有独一无二的特征（而不仅仅是如何获得这些特征的）。由此，人文领域对我们周遭瞬息万变的世界熟视无睹，脱离了根系，保持着不必要的静止状态。

人类极端中心主义

除非我们能绘制出一幅更加细致而全面的史前史图景，并由此清楚明确地给出一步步发展出当下人性的进化步骤，否则人文学科注定会处于无根系的悬浮状态。人性这个人文学科的首要关注点，并非定义人文的基因，也不是遍布于当下人类群体之中的文化特征。人性是学习某些特定行为方式并避免其他类型的行为方式的遗传倾向，这就是心理学家所称的先备学习（prepared learning）以及反先备学习（counter-prepared learning）。研究人员详细记录的诸多先备学习案例中，婴儿会着魔般地去学习语言；随着年龄的增长，大一点的孩子会喜欢玩那些模仿成年人行为的游戏。另一方面，我们在对陌生人赋予信任时，或在进入不熟悉的黑暗森林时，是反先备学习。我们许多人只要亲眼见过一次蛇或蜘蛛并被它们吓到，就会一辈子逃不出害怕蛇或蜘蛛的命运。

在人类物种的生物学进化过程中，语言的起源发生在音乐之前，而语言和音乐又都发生在视觉艺术之前。这条时间线是正确的吗？如果正确，又有着怎样的含义？经由文学、音乐和艺术激发出的情感，彼此之间有何关联？通过对其他物种进化变化的研究我们得知，那些中间阶段，即进化的“链条”，总会制造出一幅“镶嵌”效果。也就是说，有些特征得以发展，有些达到了中间状态，还有一些则鲜有变化。举例来说，1968 年，我对首次发现的中生代原始蚂蚁进行了研究。这只蚂蚁保存在有 9 000 万年历史的琥珀中，它当时的状态正处于一场声势浩大的镶嵌进化的中间阶段。它正是祖先黄蜂和现代蚂蚁之间的“缺失的一环”，有着黄蜂的下颚骨，蚂蚁的腰部，以及介于祖先黄蜂和后代蚂蚁两者之间的触角，我将它命名为“黄蜂蚂蚁”。

那么，在现代人走出非洲，走向世界之时，是如何发展出如今具备的各种能力的呢？这些能力为什么会发展成如今的样子呢？人文学科的全部含义，并不来自 STEM 领域（即科学、技术、工程、数学四个词的英文首字母缩写），而是来自许多不那么高调的学科的大融合，其中最重要的便是我所称的“五大学科”：古生物学、人类学、心理学、进化生物学和神经生物学。这些研究领域是科学蓬勃发展的基石，是人文学科忠贞不二的盟友。天体物理学和行星学也会提供支持，但总体来看，主要是作为人类情感表达的大剧场，而无法对意义进行解释。

人文学科的主要缺陷就在于其极端的人类中心主义。在创意艺术和批判性人文分析中，除非作品能从当代文学文化的视角进行表达，否则就是无关紧要的。人们对艺术作品的衡量和判断，全部依赖于艺术作品本身对人所产生的直接冲击。意义来自专门用人的价值来衡量的东西。而这种做法最值得关注的后果就是，我们拿不出什么东西来与其他生命形式进行对比。如此巨大的落差，令人类实现自我理解和自我评判的空间越来越小。

传统意义上的历史是文化进化的产物。历史学家将贸易、移民、经济、意识形态、战争、领导力和时尚等文化进化的近因区分开来，成功地将我们带回到了新石器时代早期。那时，人们发明出农业，实现了食物盈余，建起了村落，随后又出现了酋长国、国家和帝国。我们认为，将所有这些变化汇总在一起，就构成了创造出如今这个现代世界的文化进化。但是，若没有史前史，这段历史就是不完整的。而如果没有生物学，那么史前史也会缺斤短两。新石器时代革命的开始时间，不过是一万年前，也只在新近定居下来的人群中，对其少数基因形成了为数不多的改变。这段时间相较于对人性本身的传承与环境起源进行解释的宏大课题来说，太过短暂。随着人口逐渐迁徙到世界各地，他们完整地保存了定义人类智慧和社会行为基础的基本基因组。

6 万到 1 万年前，是人类在全球范围内实现定居的大致时间段。粗略地算来，这段时间相当于 500 代人。而 500 代人的历程还不足以代表将我们作为单一物种联合在一起的那些特征的起源，解释不了为什么我们成了如今这样浑身无毛的古怪的双足动物，为什么我们的球状头骨里塞着一个巨大号的大脑，为什么我们有着与猿猴无异的原始情绪。而后，人类又通过共有的本能，发展出了带有特定声音和意义的语言，并由此衍生出无穷无尽的后话。此外，人类还共同拥有实践创意艺术的能力，对环境进行探索并利用创新手段对其进行控制的能力，以及创造出创世纪神话并由此巩固部落宗教的能力。窃以为，幸运的是，500 代人的历程还是太过短暂，没有将人类物种分裂成多个渐行渐远、无法杂交的隔离物种。这样的增殖现象，在人类更古老的前人类祖先身上十分普遍。若真的出现物种分裂，那么可能产生的道德和政治问题将严重到无法解决的地步。只有将除了一个物种之外的所有其他物种通通消灭，才能解决问题。而这也正是智人处理掉我们的姊妹物种尼安德特人的方式。

如今，人类不仅不擅长把握时间，而且几乎意识不到周遭世界正在发生什么事情。在日常生活中，我们总是自以为是地认为周围的一切尽在掌握之中。事实上，在我们周边和内部不断汹涌席卷的各类分子和能量波之中，我们所能真正感觉到的，还不到百分之一的千分之一。我们感知到的那一部分，只不过是用来确保我们个人生存与繁殖的安全，处在我们旧石器时代祖先所能承受的压力范围之内。而这就是通过自然选择实现进化的方式。我们是一股既强大又极其节俭的力量的产物。

生物学家利用德语词汇“Umwelt”（意为“我们周遭的世界”）来表示人类在无工具辅助时感官所能觉察到的环境。“Umwelt”就是前人类祖先在非洲稀树草原环境中生存数百万年所需要感知到的全部信息。人类幸存了下来，而拥有不同感知能力和坏运气的人类其他亲缘物种则未能存活至今。同样幸存下来的，还有在安第斯山脉高处盘旋的秃鹰，它们拥有极强的视力和异常敏锐的嗅觉；生活于深海底栖环境中的八目鳗，它们永远在午夜般漆黑的海水中神出鬼没；还有蹲伏于漏斗形巢穴深处的草蜘蛛，每当猎物昆虫碰到蛛丝，哪怕只是轻微的一颤，也会被这些蜘蛛察觉。那么，人类的“Umwelt”是什么，是如何形成又为何形成的呢？这些都是科学和人文领域的核心问题。针对问题的第一部分，简明扼要的回答是，人类是非洲大草原环境中进化而来的聪明后代，在少数几种感官形式上拥有出色的能力，在大多数感官形式上非常弱，而在其他情况下则是完全空白的状态。

人类主要依赖于视听能力。依赖于视听能力的生物在地球上为数不多，除了人类之外，还有鸟类、一小部分昆虫和其他无脊椎动物，是凭借视觉和听觉来寻找方向的。但是，在视觉能力上，人类只能感受到光子这一种粒子。更具局限性的是，人眼感光细胞只能觉察出电磁波谱中极其微小的一段。我们的视觉从红色的低频端开始，于紫外线以内的高频端结束。如果我们能拥有更强大的感光细胞，就能看到更加丰富的色彩和明暗关系，供我们欣赏、命名。如果我们能拥有鹰和蝴蝶一般的视觉，就会为视觉艺术带来革命性的影响。

再来看看听觉。听觉对人类的沟通而言至关重要，但与动物界的听觉天才相比，人类基本和失聪无异。许多种类的蝙蝠都能在空中旋转扑击，以令人无法想象的精准度捕捉飞驰的昆虫。更惊人的是，蝙蝠并不是凭借昆虫发出的声音来判断其方位的。蝙蝠自己发出高频声音，通过昆虫身上反射回来的回声进行定位。有些种类的飞蛾，耳朵能听到蝙蝠发出的声音频率，每当遇到蝙蝠的回声定位大法，它们就采取瞬间坠落地面的躲避措施。还有一些种类的蝙蝠能察觉出水面的涟漪，并用双爪将鱼从水中抓出来。生活在南美洲热带地区的吸血蝙蝠，在夜间能通过嗅觉找到正在睡觉的哺乳动物（也包括忘记关窗户的人类），在皮肤上咬个小口，接食流出来的血液。作家不妨以吸血蝙蝠为原型，写一部关于蝙蝠吸血鬼的故事。在声音频谱的另一端，大象可以用人耳听不到的低频率进行复杂的对话。

接下来我们看看嗅觉。与其他生命形式相比，人类基本上处于嗅觉缺失的状态。环境之中,无论是自然环境还是人工环境，都充满了各类信息素，同物种成员之间交流所用的化学物质，还有利己素，有机体用于识别潜在捕猎者、猎物或共生伴侣等其他物种的化学物质。每个生态系统中都有一幅人类无法想象的复杂而瑰丽的“气味风景”。请允许我用“无法想象”来形容环境中的气息和味道，因为人类基本上没有什么词汇是用来专门形容化学物质感应的。当我们将所有无脊椎动物和微生物也算进来，生态系统便囊括了数千到数十万个物种。我们生活在一个由气味合为一体的自然世界之中。就算是训练有素的博物学家，在林间或原野漫步时，也感知不到那昼夜不停的嗅觉信号大合奏。那不断变化的混合气味在空中搅动、流窜，虽然你我毫无知觉，但凭借对这些气味信号感知而赖以生存的丛林居民却一清二楚。在地表之下，其他类型的信息素渗透在土壤和落叶之间。随着时间的推移，气流的传播，信息素也随风而起，如同无所遁形的烟雾一般，渐渐消散。

对生物界的化学感应进行研究的科学家（包括我），总是惊叹于信息素分子与利用这些信息素发挥功能的物种之间是多么匹配。信息素分子的大小，扩散速度，被释放出来的时间、地点，以及同物种其他成员对其的敏感性，决定了该信号的传播距离。同时，这也取决于物种所需的隐私程度。假设一只雌蛾正在呼唤伴侣，它的性引诱剂必须是其物种所专属的。极小的剂量也要能传播到很远的地方，有时甚至能传到几公里以外，而且必须能被它想要寻找的那类伴侣所接收，并引发其做出反应。这种专属性不会吸引到其他种类的飞蛾，更不会吸引到以飞蛾为食的黄蜂。

我们真实存在于其中的这个扑朔迷离的世界，对人文而言有何意义呢？诚然，如果无法了解这个井然有序的声音环境和气味环境，我们就无法看清整个生命世界，更无法保障其安全。

水漂生物这种类型的有机体，只适应于在二维生态系统上生存，也就是在水面上生存。它们像站立在安全网上的杂技演员一样，借助着水的表面张力四处“行走”。这是一个古怪的群体，其中有微生物、藻类、真菌、微小的动植物等。作为一名博物学家，每逢看到水漂生物，我都会想到它们与人类十分相似的境况。

在地球生物圈中的这个只有一层分子厚度的表面上，只生活着少数几种体型相对较大的生物。其中最引人瞩目的，是隶属于“真虫”半翅目的水黾，同属一目的还有盾虫、猎蝽、叶蝉、蚧和蚜虫。所有这些昆虫的共同特征，就是拥有尖尖的长鼻，长鼻可以穿透动植物的表皮，吸取汁液。水黾是凶猛的掠食者，在水漂生物中占据统治地位。它们以不小心掉落水中的昆虫和蜘蛛为食，与水下的鱼类和空中的蜻蜓、鸟类形成竞争关系。它们为了适应水漂生物的生活环境而进化出了精准的身体结构：独木舟般的体型；三对纤长的有着各自专门作用的细腿——后腿用于平衡；中腿用于提高速度；前腿从头部伸出，与牙齿配合，随时准备以螳螂般的攻势捕获猎物。水黾的中腿和后腿都向外远远地伸展而出，将体重分散开来，使得足部在水面上按出一个小凹陷，但永远不会将水面划破。它们的全身都长有极为细密的防水毛发。无论是大雨滂沱（每一滴雨水对于它们而言都像高压消防水管一样猛烈），还是浪花澎湃，就算是被外力推到水下，水黾的身体都不会沾湿。由此看来，水黾常被人称作“耶稣虫”也就不足为奇了。水黾的祖先可以追溯到至少一亿年前的恐龙时代。

而如今，已知有 2 000 多种水黾生活在地球上的不同地方，其栖息地还存在重叠。海黾属的一些成员是已知的唯一一种生活在远海之中或海面之上的昆虫。

遍布于全球的水漂生物完美地适应了其所存在的平面世界。水漂生物的成员物种几乎从不离开水面，除非是要从一处水面迁往另一处水面。去往其他生存环境的旅程，无论是往上走还是往下走，都极为少见，同时也漏洞百出。对于除了水面之外的其他现实世界，水漂生物在身体上和直觉上基本无动于衷。水的表面，以及从水面进去和从水面出来的东西，就是水黾所知的整个世界。

水黾可谓是“水面”上的老大。在人类眼中，它们看起来十分古怪，但若从它们的感觉器官出发，站在它们的世界中去审视我们，它们也会觉得我们同样奇怪。人类的身体就像专为我们这个物种所属的生态系统而打造的。同样，我们的思想也为这个生态系统所限。为了实现完全而透彻的自我理解，我们不仅要掌握关于自身的知识，也要去了解周围其他生命系统的特点。

与人类共享这颗星球的数以百万计的物种，它们所发出的代码和节奏中是否存在创意艺术的一席之地？也许我们能在其中找到音乐和视觉艺术的身影？在“联觉”领域，还有什么新的可能性等待我们去发掘？联觉，就是将不同的感觉形态彼此相融，比如化学信号与听觉或视觉信号融合。我们不妨再进一步推测下去，在不远的将来，在脑科学技术的帮助下，我们说不定可以读懂鸣禽、猿猴和爬行动物的思想，接下来还能看到蝴蝶、蚂蚁和水黾的内心世界。随后，我们就可以利用虚拟现实来模拟它们的"Umwelt"。

但是，截至目前，我们的身体还局限在人文学科的范围之内，而且我们还意识不到其局限性。人文局限性强加在我们身上的极端不平衡的内容，通过不同语言对不同形式的感官反映进行分类而得出的词汇数量进行对比，就能鲜明地体现出来。我们从著名的卡拉哈里沙漠布须曼人，即居霍安西人讲起。研究人员认为，这些以狩猎采集为生的人所具有的社会组织和日常活动安排，与如今人类的远古祖先有着诸多相似之处。居霍安西人的全部方言加总在一起，用于描述感觉的词汇共有 117 个，其中 25% 用于描述视觉，37% 用于描述听觉，只有 8% 用于描述嗅觉或味觉。这种差异不足为奇，因为居霍安西人也和我们一样，在嗅觉和味觉上相对较弱。

其余的人类在感官词汇的使用上也非常相似。在提顿达克他苏语、祖鲁语、日语和英语中，用于描述视觉的词汇占据所有词汇的 25% ~ 49%，而用于描述嗅觉和味觉的词汇，加在一起也只占全部词汇的 6% ~ 10%。

人类这个以视觉和听觉为主导的物种，与其他动物相比时，就更显得"与世隔绝"了。在触觉以及对湿度和温度的感觉上，我们基本与“盲人”无异。某些淡水鱼类可以利用电场进行相互沟通并捕捉猎物。我们通过技术手段亲眼见到了这样的活动，但若没有技术的辅助，我们什么都看不到。除非亲手去抓，体验一下致命电击。我们也感觉不到地球磁场，而一些鸟类正是利用地球磁场在一年一度的迁徙过程中辨别方向的。在以 STEM 为中心的时代，创意艺术和人文学科的缺陷变得越来越明显，就连科幻小说都带有极端的人类中心主义色彩。从这个角度来看，除非某个事物会对人造成影响，否则它就没有意义。这种思路的结果之一，就是我们找不到什么东西可以与自身相比较，并因此无法实现真正的自我理解和判断。

总而言之，人文学科存在以下弱点：人文在对因果关系的解释上是无根据的。同时，人文学科存在于感官体验的局限之中。由于这些缺陷，人文学科带有完全不必要的人类中心主义色彩，并因此无法认清人类自身境况的终极因。

公元前 5 世纪，古希腊阿布德拉的普罗泰戈拉（Protagoras）称:“人是万物的尺度。”这种世界观在他那个年代就受到了挑战。放到今天来看，则更应引起质疑。我们需要另一个视角才能看清事情的全貌。所以这句话应该改作:“万物是理解人类的尺度。”

重科学而轻人文

14岁那年，我在佛罗里达州彭萨科拉的教堂里听到一首男高音吟唱的赞美诗。那美妙的乐曲和诗词令我潸然泪下，情不自禁地要求接受洗礼，从此正式成为南浸信会的信徒。当时有人告诉我，只有成为信徒，才能坚定我对耶稣的信仰，将来才能在天堂与他永远在一起。

那老旧的十字架，被整个世界所遗弃，

却对我有着神奇的吸引力；

上帝的羔羊为承受黑暗的洗礼，

而离开了天堂的荣耀之地。

我将老旧的十字架视为珍宝，

直到最终丢弃所有烦恼；

我将老旧的十字架永存心间，

总有一天将其换作皇冠。

只要达到获得理性思维的年龄，孩子们都能明白诗中的承诺：社会思想的转变，劝人改变信仰的杰作。《老旧的十字架》（*The Old Rugged Cross*）只用了一段乐曲，便生动地描述了痛苦、爱、救赎和社区精神，而这些正是福音派基督教的核心。

同时，这首赞美诗还提醒我们，将宗教研究作为重要组成部分的人文学科，与科学的思维模式有着根本性区别。人文本身就能创造出社会价值。人文所利用的语言，在创意艺术的托举下所激发出来的感受和行动，让人本能地认为这是正确而真实的。当知识结构和内容足够深入、足够完整，人文便成为道德审判的主要来源。

等等！难道不是有些东西天生就是好的，而另一些东西从本质上就是坏的吗？乍看起来的确是这样。但同时，每一个想法、每一个行动，首先要放在其所存在的科学和人文的大环境中去看，然后才能被人从道德上去进行评判。

我们不妨以核武器为例来阐释这一问题。核武器对所有生命都有严重威胁，可谓是对整个地球下的诅咒。而另一方面，两颗原子弹的投放，也在太平洋地区宣告了第二次世界大战的终结。至少美国人认为，原子弹拯救了数以百万计的美国人和日本人的生命。随后，对核战争的恐惧从总体上限制了冷战和国家战争的发展。当我们解读世界历史时，这一道德难题应作何解？我们应该如何寻求答案？

科学可以正大光明地去探索每一件真实存在和可能存在的事物，但人文生来便悬在由事实和幻想编织的半空之中，不仅可以深入探索每一件可能存在的事物，而且可以触及任何可以想象出来的东西。

因为人文就是所有与人相关的事物，所以所有与人相关的事物就构成了人文学科。对年轻人进行教育，应在科学和人文之间寻找一个明智的权衡点。这样的课程，曾被人们称作“全面教育”，现在则被称为“自由教育”。为全体公民提供自由教育的思想，是民主传统最伟大的成就之一。

托马斯·杰斐逊上任不久，这一教育思想就于1818年在弗吉尼亚大学的建校宣言中得以体现。杰斐逊写道，所有人都应受教育（抛开他本人就是奴隶主的堂而皇之的虚伪），因为受教育不仅能提高公民自身的生活水平，而且还能提高他的道德水平和才能。杰斐逊继续写道：“为了理解他对邻居和国家所承担的义务，为了有能力履行邻居和国家交付他的责任，为了了解自身的权利……总体而言，为了用智慧和忠诚的眼光去审视他所处的全部社会关系。”

杰斐逊表达的关于公立教育的理想，直到今天都是美国传统的核心。然而，从美国人民所表达的尊重和支持来看，人文还是成了科学身边那个弱不禁风的“小女子”。

2010 年，为了应对这种差距的存在，美国参议院和众议院两党成员共同呼吁美国人文与科学院编写一份关于美国人文和社会科学现状的报告，并对其在美国人民生活和教育中所发挥的作用进行评估。当时参考的模式，是 2007 年由美国国家科学院主持编写的《在风暴中崛起》（*Rising Above the Gathering Storm*）。这份报告对 STEM 在美国社会中的地位进行了评估。报告的着眼点是美国，但在人们看来，其最后得出的总结具有全球性的影响力。

美国国家科学院中央委员会的成员都是来自大学、学会、政府机构和文化部门的高层领导。最终的这份报告于 2013 年面世，题为《问题核心》（*The Heart of the Matter*）。该报告的深度远超杰斐逊的理想，将教育哲学带入了当下这个全新时代。

《问题核心》认为，虽然人们常常举止轻浮，毛病一大堆，但总体“还算正派”。我们总是野心太大，喜欢夸张和吹牛，而最受人喜爱和尊敬的英雄不是诗人和科学家。没有几个美国人能说出多少在世的诗人和科学家的名字。美国大众心中真正的英雄，是亿万富翁、开创企业的创新者、知名艺人以及拿过冠军的运动员。

在美国社会中，名人效应和金钱效应越来越强大。尽管如此，处于所有社会经济群体中的美国人都始终认为，每一个人都应该获得高质量的教育。为了对这种一致性进行验证，我们需要搞清楚，商界领导者对自由教育持何种态度？他们认为在科学和人文之间进行权衡的教育是否得当？当然，莎士比亚不用去卖丰田车。但令人意想不到的是，美国大学联合会 2013 年进行的一次在线调查显示，75% 的商界领导者表示会将自由教育的理念推荐给自家孩子或他们认识的别人家的孩子。所有人都认为，自由教育在某种程度上是重要的：51% 的人认为其具有极高的重要性，42% 的人认为其相当重要，只有不到 7% 的人认为其比较重要。

而且，美国人非常尊重创意艺术。随着人生阅历的增长，我们会将创意艺术视为娱乐和充盈智慧的源泉。当然，在实际生活中，我们对创意艺术还有各种其他方面的理解。在创意艺术中，我们最看重的就是高质量和高潜质。美声唱法和交响乐的华彩乐段，总被人们拿来与摇滚乐、民谣、乡村音乐和西部音乐作对比，虽然前者得到的关注远逊于后者。人们认为伟大的视觉艺术具有伟大的原创精神，非常值得亲眼一睹原作的风采。美国国家人文学科捐赠基金会进行的一项调查显示，1982—2008 年，每年至少参观一次艺术画廊或艺术博物馆的美国人，占全美人口的 20% ~ 25%。

简而言之，人们普遍认为，人文学科对社会具有极其重要的意义，并因此广受尊重。但是，人文学科的相关机构却没有得到足够的支持，其运作水平也达不到人们主观判断下的高度。而诸如耶鲁大学等，在录取新生时都更强调科学能力，还开设了科学领域的新课程。

其中最主要的问题就在于缺少资金和缺乏尊重。人文学科几乎从来都拿不到足够的资金用于完成艺术家和学者希望完成的项目。在人文领域，我们基本找不到几个像文艺复兴时期那样愿意长期倾囊相助的富有赞助人。修道院和其他宗教场所不再是创造力的避风港。在美国联邦政府和州政府预算中，人文学科被视作奢侈项目。对许多希望将一生奉献给艺术和人文的年轻人来说，人文学科能提供给他们的工作机会少之又少。

驻留人文学科之上的自然科学，像停泊在曼哈顿上空的特大号外星飞碟一样，将艺术和人文笼罩在巨大的阴影之中。2005—2011 年，美国的物理、生物科学及数学的学术研究与研发工作，一直持续稳定地享受着 70% 的联邦政府学术支持。医学和工程学也很受重视，60% 以上的需求都能得到满足。教育研究与行为和社会科学所得到的支持接近其 50% 的需求。垫底的是人文学科，除了法学以外，其余的人文学科只有不到 20% 的需求得到了满足。其他的支持则主要来自学术机构。

科学和技术享受到了美国纳税人的大力支持，而税收一般被人们视作公共品。通过科学技术研究这件大事而获取的知识，是美国在全球经济和科技领域占据支配地位的重要原因。

相比之下，人文学科得到的支持主要来自教育机构。而教育机构的收入则来自学费和捐赠，还有一小部分来自政府税收。在争取美国人民的资金支持的竞争中，人文一向不敌科学。

美国人对各种职业的评价高低，通常基于其从业者拿到的薪水多寡。从这个评估角度来看，一个很好的衡量指标就是大学毕业生的起始年薪。2014 年，美国劳工部的报告称，刚走出大学校门的科学、技术、工程和数学专业毕业生收入最高，在 50 000 ~ 80 000 美元之间。文科毕业生，即建筑学、英语、初等教育、新闻学和心理学专业的学生收入最低，起薪在 40 000 美元以下。

美国人一直认为，基础科学领域的研究和开发是对整个国家有好处的事情。但人文领域也同样如此，从哲学、法学到文学、历史都是一样。人文学科将我们的价值观保存了起来，将我们化身为爱国者，而非仅仅是采取合作态度的公民。人文学科明确地告诉我们，为什么要遵守以道德规范为基础而建立起来的法律制度，而不是盲信专制统治的一家之言。人文学科提醒我们，在古代，科学本身曾是人文学科身边嗷嗷待哺的孩子。那时的科学还被称作“自然哲学”。

那么，为什么人文学科一直“食不果腹”，只能拿到限量供应的资源呢？部分原因在于可用资源中的一大部分都被宗教组织所占用。世界上绝大部分人口都有各自的宗教信仰。信仰的重点不在于对神的崇拜，而更多的是对其独特的创世神话的笃信。每一位宗教成员都相信自己信奉的宗教的创世神话，都认为那一段关于宇宙和人类超自然起源的故事优于其他所有解释。问题在于，不可能所有的神话都是正确的，甚至不可能有两段神话同时都是正确的。而几乎可以肯定的是，所有宗教的创世神话中，没有一个是正确的。

几个世纪以来，宗教组织创造出了卓越的音乐、文学和艺术作品。在此请允许我勇敢地表达一下个人观点。我亲眼见到过的最感人的宗教仪式，就是罗马天主教复活节的“基督之光”庆祝活动。活动当天，大教堂里坐满了信徒，一开始室内保持着黑暗。接着，后门打开，主教手持蜡烛徐徐走来。这时，他向黑暗中的信众说道：“基督之光。”随后，他沿中间的通道缓缓向前，身后跟着随从牧师。信众们安静地站立着，每人手中都捧着一支尚未点燃的蜡烛。牧师们逐行点亮蜡烛，一直到整座大教堂灯火通明。最后，在祭坛上，复活节仪式正式开始。

几个世纪以来，这样的仪式不断发展，愈加绚丽。沉浸于其中，人们很容易忘却宗教艺术服务于创世故事的事实。宗教不允许人们有任何背离其创世故事的行为和言论。历史上，一场接一场的残忍战争，都是为了用一段故事去替代另一段故事。说白了，世俗的人文必须与宗教组织或与宗教类似的意识形态相竞争，以获得关注、志愿服务和公共资金的支持。在人文领域，人们可以无拘无束地去探索和创新，而在宗教领域却不可能。

除了要和以信仰为基础的文化形成竞争外，人文领域还面临着其他压制力量。其中一股强势的力量就是数字化革命。科学和技术对人文并不怀敌意，也不屈从于任何超自然教条或盲目的意识形态。尽管如此，其所造成的竞争态势已激烈到令人难以承受的地步。手工制造业、园林农业和商业化野生渔业捕捞都萎缩到几乎绝迹的程度。自动化、大规模生产和全球通信提高了全球经济水平，却没有提高人文学科的影响力。就这样，最好的工作机会都被那些在科学、技术和以技术为辅助手段的商业和法律领域受过训练的人们拿走了。

STEM 已经成为美国权力的象征。在许多人眼中，科技文化简直是无往不利，所向披靡。只要有足够的时间，科学家就能治愈每一种疾病，培养出人造肢体和器官，在 LED 照明的水培农场种植出永不枯竭的食物，利用太阳能或核聚变能进行海水淡化。脑科学和人工智能领域的领导者已经开始寻找思想和精神的起源，而这个领域曾经是人文学科的专属。

若想在这个全新的科技世界取得成功，人们就需要获得高质量的教育，而且是大批量、长时间的教育，这是不言而喻的。很少有哪个国家能做到很好地去应对全新现状带来的各种挑战。以美国为例，虽然美国是当之无愧的 STEM 主宰，但在向年轻人传授知识方面仍跌入了低谷。经济合作与发展组织 2013 年的一份研究报告显示，在 16～65 岁组，数学能力最高的全球前 23 个国家中，美国只排在第 21 位，而问题解决能力最高的全球前 19 个国家中，美国排在第 17 位。这样的现实情况能说明什么问题呢？未来的创新和发展大业是否仍然能由一小撮受过高等教育的精英完成？我认为不太可能，至少 2013 年的一次国会山会议的与会者没有得到肯定的答复。那时，据估计，美国有 250 万个 STEM 相关职位，因缺乏受过良好教育的劳动力而处于空缺状态。就连低水平工作中的很大一部分，都要求员工具备初等计算机技能。

美国面临的问题因日益严重的收入不平等而进一步放大，与此相关的是中产阶级的没落。处于所有社会经济阶层的美国人如今都认识到，若想确保生活质量，寻求发展，就必须搞清楚前方的路究竟应该怎么走。在随后的章节中，我将向读者解释，未来的发展不仅需要对 STEM 学科进行鼓励和支持，也同样要对人文学科的成长予以帮助。

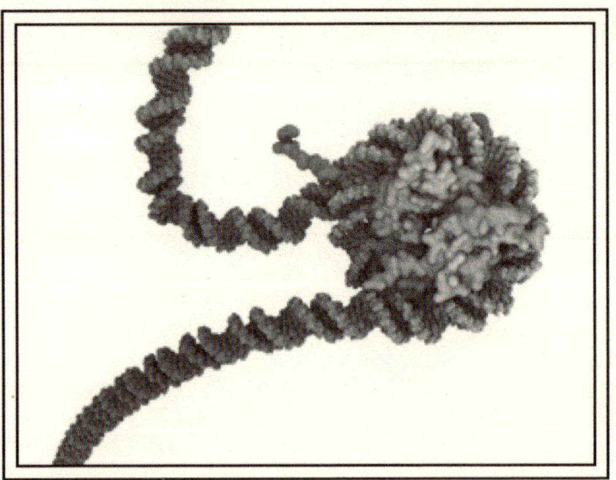

从遗传的分子过程到其所设定的情感反应，继而触及时空万物，人文和科学会通过单一连贯的创造性思维去应对一切问题。

（上图，罗伯特·克拉克，《燕尾蝶》。下图，盖尔·麦吉尔，组织蛋白形成的 DNA 片段）

THE ORIGINS OF CREATIVITY

什么促进了创造

科学和人文共享创造力的同一个来源和同样的大脑活动过程。通过五大学科（古生物学、人类学、心理学、进化生物学和神经生物学）的融会贯通，科学和人文可以实现更加紧密的联结，在实质性内容上实现更加广泛的融通。而五大学科的融合，正是通过遗传和文化的进化过程而结合在一起的。

终极因：人类通过思考来实现生存

最优秀的艺术评论总是闪烁着犀利睿智的光芒，能唤起人们深层次的直觉和智慧。但艺术评论本身也带有极强的主观性，其内容和见解也很容易跑题。举例来说，华莱士·史蒂文斯（Wallace Stevens）告诉我们，毕加索利用立体主义的初衷，是为了对现代世界的断裂和混乱作比喻。毕加索本人则解释称，立体主义是为了拥有灵活性，让画布上的人物呈现出某种能转变到其他状态上的发展状态。

艺术家的意图总是带有极强的个人色彩，很难为他人所理解。亨利·马蒂斯（Herri Matisse）任由自己处于愤怒的状态去创造画作，不断给人带来全新的震撼。保罗·高更（Paul Gauguin）在大溪地创造出杰作《我们从哪里来？我们是谁？我们要到哪里去？》（*Where Do We Come From? What Are We? Where Are We Going?*），对人类生命周而复始的循环进行了华丽的展示。完成画作不久，高更便去帕皮提的一座山上打算自杀，但随后改变了主意，迁往马克萨斯群岛。莱斯大学的罗斯科教堂展示着这位艺术家的最后一幅作品。大师级艺术评论家罗伯特·休斯（Robert Hughes）对这幅无主题、无形式的作品发表了自己的看法。

> 一种令人震撼的自我放弃。全世界都被弃之于外，只剩下一片虚无。作者的意图是希望观赏者从卡斯帕·大卫·弗雷德里希（Caspar David Friedrich）画作中凝望大海的虚构观者的角度出发，直面这幅绘画作品：艺术，在悲观内心世界的动荡之中，有着取代全世界的意义。

在实验性艺术和评论所造就的温室气候中，时常可见怪异的亚文化突兀而随机地肆意生长，就像精心修剪的草坪上随时会冒出蘑菇和蒲公英一样。它们对连贯有序的艺术表达方式充满蔑视：达达主义、超现实的罐装番茄汤、后现代哲学与文学、重金属音乐和无调性音乐。无论这些作品源自正常的头脑还是混乱的神志，都让我们有机会看到潜意识中情绪节点和决策中心的混乱无序。

现在，我们应在一种不同的环境中进行更加深入的探索，从一个不同的角度进入一个更深刻的层次，去探索更深层的因果关系。为什么千百年来，在每一个地方，创意艺术都能如此强有力地主宰人类的思想？我们无法在最精美的艺术画廊和交响乐团那里找到问题的答案。爵士乐和摇滚乐的创新直接来源于人类的经验。从中，我们可以找到更好的思路。由于创意艺术带有某种普遍的遗传特征，该问题的答案就在进化生物学之中。请记住，智人存在于世约 10 万年时间，但文学和文化的历史还不到 10 万年的 1/10。这样来看，为什么会有普遍的创意艺术这个问题，就演变成了“在其存在的前 9/10 的时间里，人类都做了什么”。

如今现存的没有文字的纯粹狩猎采集社会和原始农业狩猎采集社会，能告诉我们许多关于史前文化的细节。他们的生活看起来可能很简单。他们不看电视（绝大部分还没有电视可看！），不上网，也不开车去超市购买日用品。但是，以我最喜欢的案例，也是经过详细研究的狩猎采集社会——卡拉哈里沙漠的居霍安西人为例，他们对领地之内的地理情况了如指掌，完全知道数百平方公里的每一棵果树，每一个水洞、适宜安营扎寨的地点以及瞭望岗的位置。与现代都市人相比，他们的词汇量可能很小，但他们能非常内行地叫出并描述各种植物和动物，其专业能力可以与受过分类学训练的博物学家抗衡。他们之间的谈话和彼此讲述的故事，以白天从事的活动和夜晚火光之中的事物为主题，内容包罗万象，极其详细。居霍安西语的发音中，有三种不同的吸气音，每一种都发生在气道的不同位置。

那么，我们能从居霍安西人以及整个旧式生活方式中学到什么呢？在这里提供一点背景知识。毫无例外，每一种人类都属于同一个与其他物种形成繁殖隔离的动物物种。这个物种有着独一无二的生物学和社会行为特征。在我们赋予这些特征神圣意义之前，请记住，数百种其他的社会物种也拥有它们各自的生物学和社会行为特征。这些社会物种，从虹吸水母、群居的织网蜘蛛到海豚和狼等哺乳动物，不胜枚举。鲸鱼通过捕捉小型甲壳动物而长出巨大的身体，蝙蝠通过回声定位在夜间四处飞行，鸟类通过极地磁场而实现夜间飞翔。人类，则通过思考来实现生存。

科学家揭示出了所有这些进化的早期阶段。原来，人类级别的物种若想出现，需要同时满足三个先决条件。第一个先决条件是营地的创建。因为有了营地，才能实现饮食结构的转变。我对贯穿动物王国整个历史的所有已知复杂社会群体的起源进行了回顾，发现了 20 类独立的发展路线。从中我发现，每一类在初始阶段，都是因建设巢穴的本能而起，而建立巢穴的目的则是为了让幼崽在父母的照料下安全成长。社会性动物蜜蜂、黄蜂和蚂蚁的巢穴，或在地下，或为树栖，里面专门设置了供幼虫成长的隔间。而对于蓟马和蚜虫来说，它们的育婴室就是存在于植物之中的天然孔穴。海虾则会在活海绵中挖掘出房间。早期人类的巢穴就是靠人为控制的篝火而获得温暖和光明的营地。由此可见，为了养育后代而筑巢的行为，是生命世界广泛分布但又不那么常见的一种适应。而这种适应，正是极罕见的人类水平社会群体的诞生基础。

这种由20类进化路线所共同拥有的最先进的社会组织特征，就是“真社会性”行为。其中，劳动分工不以平等合作为基础，而是以长期承担某项固定职责的群体成员之间形成的组织合作为基础。从科学分类上来看，若想满足真社会性的指标，这些职责的存在意义，就是为了其中某些成员实现先天的优势生存和成功繁殖。简而言之，利他主义是真实存在的。群体中一部分成员为了整个群体的利益，宁愿自我牺牲。

人类社会起源的第二个先决条件，是群体成员之间的高度合作。群体中每个人都认识其他所有的人，也了解他们的劳动职责、能力和性格。

劳动分工、利他主义与合作共同进化，促生了社会智力。这样的组合令沟通变得尤为丰富而复杂。由于最早期的人类依赖视觉和听觉进行沟通，他们就逐渐进化出了第三个先决条件——语言。人们创造出来的词汇的意义，其起源是随意而武断的，后来则在群体之中变成通用的说法。发出声音，就是一瞬间的事。与视觉信号不同，声音信号能穿透不透明的障碍物，即便微弱，也能迂回前行。此外，通过语音传达的词汇，和气味与视觉信号不同，可以在数量上实现迅速增长，从而实现信息传输最大化。由此，人类祖先发出的本能动物声音，就进化成了人类语言。群体之间所使用的词汇彼此不同，但讲话的能力和驱动力，却始终存在于所有人的基因传承之中。

群体之内具备更强语言能力的成员，将比同一群体之中的对手拥有更高的生存和繁殖率。更重要的是，在群体之间的竞争中，获胜的群体不仅在你死我活的领土征战中更具优势，而且在建立联盟、发展贸易、从自然环境中获取材料和能源的能力上，也要更胜一筹。

自此，人类的大脑就从祖先直立人的 900 立方厘米增长至早期智人的 1 300 立方厘米以上。如此看来，我们将大部分时间用来不停地说话，不停地涂写图画和符号，也就不足为奇了。这也是为什么在如今这个大到无法认识所有成员的社会中，我们如此看重名人，还乐此不疲地交流着关于名人的小道消息的原因。

基岩：科学与人文融合的三种方式

人类是个奇异的物种。我们的感官和情绪的生理基础与远古祖先没什么两样。而我们在语言、舞蹈、歌曲、绘画等创意艺术领域的能力，可以追溯到人类在 6 万年前走出非洲之时。但其他的一切都改变了。根据定律，科学和技术的发展水平，每过 10 ~ 20 年就会翻一番。科学和技术发展的目标，是探索宇宙中的万事万物，全部的时间与空间，以及每一个可以构想出来的星系和外星球。而另一方面，人文却困在了人类身上。

这就是人文的两难处境。人文以及大部分自由教育，都要对由旧石器时代的情绪、中世纪的制度和天神般的技术所构成的社会本质进行描述和解释，而没有明确的意义或目的。在寻找意义的过程中，科学和技术的职责与人文产生了分离。在技术的帮助下，科学告诉我们，为了去往我们所选择的方向，究竟需要具备哪些东西。人文告诉我们，利用科学所产出的成果，人类可以去往哪里。科学创造出了全新的智慧形式以及巨大的物质能量，人文则应对关于美学和价值观的问题，以及由于科学本身具备的不眠不休的巨大能量而衍生出来的美学和价值观欠缺的问题。

人类的目标是主宰地球以及地球上的每一件事物。与此同时，人类也受限于相互竞争的国家、宗教组织以及其他自私的集体，其中，绝大部分组织都对人类和地球的共同利益熟视无睹。而凭人文的一己之力，就可以对这种不完美加以纠正。人文的关注点集中在美学和价值观上，有能力将道德的发展轨迹转变为一种全新的推理模式。这种推理模式，对科学和技术知识兼容并包。

为了发挥这种作用，人文需要与科学相融合。因为新模式首先取决于人类物种的自我理解，而如果没有客观的科学研究就无法实现这一点。就像孕育人类的阳光和火光一样，我们需要人文与科学融汇共存，才能创建出关于“我们是谁、我们能成为什么”的完整而真实的图景。这样的融汇，是人类智慧的基石。

正如我所主张的，人文领域可以实现扩张，并以三种方式与科学建立联系。第一，跳脱出人类感官世界所蜗居的局限。第二，将遗传进化的深层历史与文化进化史联系起来，把根系扎牢。

第三，抛弃阻碍人文发展的极端人类中心主义思潮。

很多作家在探寻人类存在的终极意义时，都会转向天体物理学和量子力学。或者，他们会去关注脑神经元和脑回路的未来发展结构。在更加传统的模式中，许多作家会去寻找精神的指引，去寻求上帝或某种神秘的力量。这种探寻精神的核心指引着我们不断向前，却永远在我们的能力所及之外。

上述所有努力，无疑会继续进行下去，但也注定会失败。作家们选择的舞台，是最强大的原型之一——对终极未知的追寻。这一场追寻之旅，在岁月的变迁中逐渐成型，曾经历过圣杯、石中剑、古人密码、外星来信、内心秘钥、以物理学为基础的万物理论等阶段。

事实上，关于人类物种深层遗传特质的自我理解，已经取得了实质性的成果。而关于余下亟待开拓的疆域，原则上也已经规划好了路线。我们眼前还会出现许多惊喜，尤其是在分子遗传学和发展遗传学领域。但一路上纳入范式转移的学科中，几乎没有哪个需要对“我们是谁、我们未来在不离开地球的前提下何去何从”这样的问题进行解释。正如我强调的一样，至今为止，问题的答案依然要沿逻辑思路的走向，在相关的基岩学科中去寻找。这些学科包括古生物学、人类学（包括考古学）、心理学（主要是认知心理学和社会心理学）、进化生物学和神经生物学。

将与人类相关度最高的五大学科统为一体的线索，就是自然选择之下的进化。伟大的遗传学家特奥多西斯·杜布赞斯基（Theodosius Dobzhansky）于1973年对无处不在的进化过程的重要地位进行了恰当的描述，这段描述常常被人所引用："除非从进化论的视角来看，否则生物学中的任何事物都没有意义。"如今，这个说法可以得到进一步扩展：除非从进化论的视角来看，否则科学和人文中的任何事物都没有意义。正如哲学家丹尼尔·丹尼特（Daniel Dennett）[①]所言："自然选择之下的进化，是烧穿每一个宗教教义及其神话的酸蚀力量。"

生物学进化被定义为群体从一代到下一代在特征上的遗传改变，并最终导致某一物种发展成另一个物种，也可能是分裂成两个或更多的物种。绝大部分受过教育的人都了解这一特征，但很少有人会告诉你，这个过程在实际中是如何发挥效果的。这种教育上的严重缺陷，主要是因为学校中的科学教育水平低下，而这也很可能是将科学与人文融为一体，创造出真正的通识教育的最大障碍。关于这个问题的整体解释，相对于广义相对论或是随便哪个抽象现代艺术学派而言，都十分简单，可以概括如下：

遗传进化（常被人称作有机界进化）不能被理解为一个单一的谱系，从父母到子女一代的连续传承；遗传进化是一个遍布整个群体的变化过程。对其量级的衡量，依据的是整个群体之中相互竞争的特征所占百分比的变化。群体由自由交配的个体构

① 塔夫茨大学哲学教授，被誉为健在的全球50位最具影响力的哲学家之一，其代表作《直觉泵》中文简体字版已由湛庐文化策划出版。——编者注

成。群体可能是整个物种，也可能是物种之中因地理原因而隔离开来的一部分个体。举例来说，群体可能位于离岸岛屿上，而同一物种的其他群体则生活在大陆上。

构成群体的个体身上的基因之中，总是会发生各种突变，而某一特定基因的突变概率非常低，低到某群体每一代的百万分之一。从宽泛的定义上讲，突变是通过构成基因的 DNA 序列的增加或减少、基因数量的改变、基因在染色体位置上的转移而发生的随机变化。突变可能会影响到任何一个生物学或心理学上的特征，其影响可大可小。

如果突变造成的特征变化对携带该突变的个体在周边环境中的生存和繁殖能带来相对有利的影响，那么该突变就会在与同一染色体相同位置的其他基因形成的竞争中，不断发展，并扩散到整个群体。乳糖耐受突变是一个人类案例。这个突变令牛奶和所有乳制品成为人类的美味，并令乳业这个文化发明成为可能。另一方面，如果该特征在周边环境中被证明是对个体不利的（以乳糖不耐受为例），突变基因要么就以极低的百分比继续存在于个体身上，要么就会彻底消失。对人类健康有重大影响的极少数量的特征都是如此，包括数千种罕见遗传疾病，如杜氏肌营养不良症、血友病和罹患某些癌症的倾向。

进化会影响同一特征的相互竞争的基因在群体之中出现频率的变化。举例来说，当乳糖耐受基因的出现频率增加哪怕只有几个百分点时，进化都会发生。竞争发生在以突变形式新近出现的基因和已经在原地占好位置的基因之间。由于不同基因之间的输赢基本上完全靠环境决定，因此人们认为，生物学进化是通过“自然选择”发生的。“自然选择”这个说法是由达尔文提出，以便与人工选择的过程相区分。而人工选择则是在人为选择的指导下，对植物和动物的品系进行繁育的过程。

通过自然选择实现的进化，不断发生在每个物种的每个群体之中，或是改变着基因的出现频率，或是保持其稳定状态。在极端情况下，进化的速度可以快到用一代的时间来创造出一个新物种。举例来说，其实现方法可以是简单地将所有染色体和染色体上的基因进行翻倍。在另一个极端，进化的速度也可以极其缓慢，令物种的某些特征与数千万年前甚至数亿年前的祖先十分相似。这些进化迟缓的物种，在人们稍带夸张的比喻中被称作“活化石”。带有两亿年前或更久远特征的例子，有为人们所熟悉的鲨、蜻蜓、甲虫和苏铁等。

在自然选择实现进化的基础理论中，突变的遗传单位是基因，而环境中自然选择的目标则是基因所指定的特征。这样的区别，在好莱坞科幻恐怖大片的帮助下，会更加令人印象深刻：从政府机密实验室中逃脱的怪兽一般的巨型突变昆虫和鳄鱼，将世界搅得天翻地覆。但它们没有机会在达尔文主义的竞争中与同类一起实现繁殖和数量扩张。至少我们希望是这样。

某些以进化论为创作题材的大众作家，常常将个体层面的选择和群体层面的选择相混淆。这个问题源于对遗传单位和选择目标的错误区分。只要参考成熟的群体遗传学原则，我们就能轻松地解决这一问题。具体思路如下：个体层面的选择对影响该群体成员生存和繁殖的特征起作用，这一点与该成员与群体其他成员的互动要区分开来。个体选择在社会进化的早期占主导地位。在那个阶段，个体的成功会受到许多遗传特征的影响，而不仅仅受制于个体与群体成员之间的互动。举例来说，个体可能会在其生命周期的某个阶段独自生活。在群体成员之中，个体可能会为自身及其后代占据更大一部分食物和空间。

群体层面的选择影响到与群体成员互动时所表现出来的特征，由此，个体基因的成功至少有一部分取决于个体所属的群体的成功。最先进的社会组织，以无繁殖能力的工作分工为特征，以水母类动物为代表，其中包括水母、蚂蚁、蜜蜂、黄蜂和白蚁等。在这种社会组织中，群体选择的力度远远大于个体选择的力度。

那么，在从个体选择到群体选择的谱系上，人类处于哪个位置呢？人类的位置接近于正中。由此，人类的天性就受制于个体选择和群体选择之间的冲突。个体选择倡导自私，以个体及其直系亲属为先。而群体选择则倡导利他主义和合作精神，以大集体为重。这种选择层次上的混合，呈现于由本能和理性搭建而成的大舞台之上，就是人类之所以如此独特的一部分原因。

在社会进化过程中，群体选择所扮演的角色与经实践检验的群体遗传学基础理论保持一致。群体选择在动物王国中的存在与发生，得到了野外考察和实验室研究中大量证据的支持。但群体选择理论还是受到了另一种叫作“广义适合度理论”的社会进化解释的挑战。实质上，广义适合度理论认为，社会行为的进化依据群体成员之间的亲缘度而发生。亲缘度越高，群体成员就越有可能共享资源，并在劳动上达成合作。每一位群体成员为此而在生存和繁殖上付出的代价，通过与其存在亲缘关系的成员身上相同的基因在数量上的增长而得到补偿。如果你为了表亲而牺牲了自己的生命，那么就比为了远房亲戚或不相干的人付出性命要划算。如果你为了近亲做出牺牲，那么你所携带的勇敢基因，就将在群体中发扬光大。

乍看来，亲缘选择的概念超越了亲戚关系而扩展成整个群体内部的合作和利他主义，似乎具有相当大的优势。20 世纪 60 年代和 70 年代早期，当我首次对社会生物学的学科进行综合时，也曾对亲缘选择理论表达过支持。但是，亲缘选择理论中存在深层缺陷。虽然亲缘选择理论一开始在学界赢得了大量关注和支持，但至今没有人能成功地对其核心属性——“广义适合度”进行测量。为了完成测量，研究人员不仅要在群体中找出全部一一对应的亲缘关系，而且要在时间的发展过程中对互惠行为的得失进行评估。除了技术难度之外，用于进行整体分析的数学公式也被证明是不正确的。这种错误的出现，有一个很基本的原因。广义适合度理论认为，群体中的个体成员是选择的单位，而非基因。广义适合度的意思是说，个体在其生命的整个发展阶段，在与群体中每一位成员的相生相克中，做得怎么样，再以共享适用基因的百分比为参考打个折扣。虽然该理论有着极强的外在吸引力，但我们找不到这样一个过程存在的证据，也完全不需要利用这样一个理论去解释高级社会行为的起源。

我承认，在涉及这个问题时，我表达态度的方式有些过激。而我也知道，规规矩矩的科学家都应该拿出某种程度的不确定语气，用概率来说话。但是，我们需要消除由广义适合度理论日益减少的支持者所造成的困惑与混乱，将关注点转移到群体选择理论上来。

这个意见分歧为什么值得一谈再谈？对于科学和人文来说，深化到道德理论和政治理性的层面，群体选择理论的重要性再怎么强调都不为过。关于这个问题，我们需要彻底搞清楚，讲明白。

正如达尔文在《人类的由来》（*The Descent of Man*）中首次表达的观点一样（请原谅我拿权威来作论据），人类群体之间的竞争，极大地催生了人们普遍认同的高尚特征，也就是那些表现出慷慨、勇敢、自我牺牲的爱国主义、正义和富有智慧的领导力的行为。如果仅用个体选择的思路去对这些特质进行解释，就不得不以自私的基因和这些基因所指定的错综复杂的欺骗与操纵方法为出发点，用一种彻头彻尾的怀疑观点去审视人性。而常识告诉我们，人性中存在某种指导原则，它们是美好而宝贵的。战争中奋勇杀敌的弟兄，不惜以生命为代价去救人的消防队员，不求名利的公益人士，用性命保护孩子的教师，总能赢得我们的敬仰。英雄人物是真实存在的，而且他们就在我们身边。他们的善举，就是守护文明的安全保障。

由于群体选择及其对人类社会行为进化所产生的明显影响，我们有理由认为，人性中的善良天使，不需要宗教中的因果报应来予以威胁，也能通过生物学遗传的方式降临到我们身上。人类不仅是一群训练有素的野蛮人，更是自然选择基本原则下的偶然产物。

同样，对大自然和野外环境中动植物群落的热爱，存在于生活在地球每一寸土地的人们的心中，就连毕生从未离开过都市的人，也发自内心地对大自然充满向往。将国家公园和自然保护区仅仅视作一种资产，或是户外健康疗养院，这种观点是不正确的。野生动物保护行动本身就有自己独立而完整的道德基础。

一则关于蝎子和青蛙的古代寓言故事，讲述了道德与道德缺失的起源。一只蝎子想要过河，但不会游泳，于是请青蛙背它过去。青蛙不同意，说蝎子会蜇死自己。而蝎子则说，这种事情绝对不会发生，因为如果青蛙半途被蜇死，它自己也活不了。就这样，蝎子和青蛙出发了。游到河中央时，蝎子蜇了青蛙。垂死之际，青蛙问蝎子，为什么要做出如此卑劣的事情。蝎子答道："因为这是我的本性。"

突破：人类物种变得越来越统一

自然选择造就了人类生物学中的每一个细节——每一个脚趾头，每一根头发，每一寸皮肤，每一个细胞中的每一个分子结构，大脑中的每一个神经元回路，以及存在于所有这些肢体之中的令我们生而为人的每一个特征。

自然选择作为进化的推动力，意味着人类并不是由任何超智慧存在体设计出来的，也不受任何超越我们自身行为后果的天命所引导。人类这个产物，在数千代的地质寿命中，每一代都经过了检验和修正。不断进化的人类物种所取得的成功，意味着他们在每一个接连不断的繁殖周期中都幸存了下来。失败则意味着群体数量的衰减，直至灭绝，并由此宣告这场进化游戏的终结。进化失败的现象在绝大多数其他物种身上都发生过，许多物种灭绝事件就是在我们面前上演的。最后一只候鸽和最后一只塔斯马尼亚袋虎在人类的囚笼中离世，最后一只大海雀死于偷蛋者的魔爪，最后一只被人们看到的象牙喙啄木鸟，在偏远的古巴森林中，被一只乌鸦追逐着飞过树梢。

在过去的 600 万年中，我们的祖先也很有可能随时遭受同样的命运。人类和如今幸存的其他每一个物种一样，只不过是非常幸运而已。曾经出现在地球上的所有物种之中，超过 98% 的物种已经消失，被幸存下来的子代种所取代。由此，在从一个世代向另一个世代发展的过程中，物种的数量便在灭绝与重生之间形成了大致平衡的状态。任何一条特定的世系，都走过了迷宫一样不断变化、蜿蜒曲折的路程。哪怕只是一次错误转弯，只是一次进化失误，甚至是进化适应过程中的一次不幸延迟，都可能造成致命的后果。

新生代时期，也就是前人类祖先所属的那个时期，哺乳动物物种的平均存在时间大约是 50 万年。最终发展成为现代人类的世系，在大约 700 万年前从普通黑猩猩中分离出来。从此之后，便一路好运。在困难时期，前人类种群的个体数量仅剩下几千个，许多与我们有亲缘关系的物种都灭绝了。尽管如此，人类还是在第四纪的 600 万年时间中坚持了下来。人类物种始终保持着永恒的进化态势，偶尔会分裂成两个或多个物种。所有分裂而生的物种都会继续进化，但只有一个物种坚持到了最后，在偶然的情况下，该物种发展成了智人。其他从前人类世系中分离出来的姊妹物种也在继续进化。随着时间的发展，这些物种要么灭绝，要么分裂成自身的子代种。最终，所有这些物种都没能逃离衰败和消失的命运。

在黑猩猩与人类祖先物种分离之后的 600 万年时间里，有至少三个同属于南方古猿的物种共存于非洲家园。它们基本完全以植物为食，有机会的时候，也可能会吃少量肉类，与现代黑猩猩的情况类似（大约 3% 的卡路里摄入是由肉类提供的）。这些物种之间也因为食用的植物种类不同而产生差异，以更粗糙、纤维更多的植物为食的物种，进化出了更厚重的下巴和牙齿。将所有这类特定属性放在一起来看，就代表了进化生物学家所称的“适应辐射”。辐射之外，一个世系转而以更多的肉类为食，尤其喜欢吃那些由于雷击引发的草原火灾和稀树草原地表火烤熟的肉类。在早期阶段，这些群体创建了营地，形态简陋如鸟巢。在营地的基础之上，他们安置了可控的篝火，可以将燃烧的树枝从一处带往另一处。

直立人就在如此初级但又具有终极决定性意义的转变中诞生了。而直立人正是智人的直系祖先，其出现时间不晚于距今 200 万年。这一祖先物种一直持续到至少 10 万年以前。在那时，直立人中至少有一个群体的大脑体积已经增长了许多，下颌和牙列也变得更小、更轻。

向智人的最终过渡，在直立人的地质寿命期间进行顺利。但更有可能的是，智人并不起源于直立人，而是可以追溯到更早的直系祖先——能人。而古人类学家发掘出来的有关能人的化石证据比直立人的化石要少得多，也比与智人临近的过渡物种的化石少得多。

从化石证据中我们可以看出，生活于230万年到150万年前非洲地区的能人，已经开始向现代人类转变。在史前时期，其大脑容量从500立方厘米增长至800立方厘米，远远超过了现代黑猩猩的大脑体积，随后接着增长至直立人的水平（约1 000立方厘米），继而增长至智人的水平（平均在1 300立方厘米以上）。早期智人跨过了一个重要门槛：体积更大的大脑具有更强的记忆能力，这就促使了故事在头脑中形成，并在生命史上第一次诱发了真正的语言。从语言之中，又孕育出了我们前所未有的创造力和文化。

如今，人类依然在不断进化。这种进化不是通过直接选择而形成体积更大的大脑或水平更高的智慧，而是通过人类在世界范围内混血繁殖而实现的同质化。人群之间的平均遗传多样性正在急剧下降，而人类总体的遗传多样性则保持不变。就像在文化中一样，我们这个物种在生物学上正在变得越来越统一。

遗传文化：基因与文化协同进化的独特模式

大约 200 万年前史前能人时期发生的大脑体积的迅速增长，是生命史上有机体复杂程度发展最迅速的一次转变。这种转变，以进化过程中基因与文化共同进化的独特模式为驱动。在这个过程中，文化创新提高了偏好智慧与合作的基因的传播速度。在互惠的作用下，由此产生的遗传变化又进一步提高了文化创新发生的可能性。

直至今日，科学家普遍认为，这种转变始于生活于非洲的一个南方古猿群体将饮食习惯从以植物为主换成了以烤熟的肉类为主。这一事件的发生，并不是像从菜单上点菜一样出于偶然，也不仅仅是口味上的调整，而是从解剖学、生理学和行为上发生的遗传学上的彻底改造。由此，能人身形变得纤瘦，下颌与牙齿缩小、变轻，颅骨增大呈球形。同时发展变化的还有社会形态，他们从像黑猩猩一样在受保护领地内闲逛，或是独自找食，或是三五成群，变成了更大更强的协作式群体，其中既有猎手团队，也有采集者团队。所有人以营地和会合地点为中心，有计划地离开并返回，像狼群一样。这些能人拥有解放的双手和更强的智慧，很可能学会了将火种带回营地，并对篝火进行保护和控制。

对史前画面在理论上的重建，得到了化石和当代采集狩猎者生活方式的佐证。群体成员间会分享大型猎物的肉类，就像狼、非洲野狗和狮子一样。此外，由于生活在地面的大型灵长类动物总体上具有相对较高的智慧，这使得前人类进化可以在合作与分工上达到登峰造极的高度。群体成员彼此之间在社会技能上不断竞争，促成了个体层面的自然选择，而群体之间的竞争又加强了自然选择的效应。由此，前人类的各项特征得到了进一步发展。群体层面的自然选择尤其偏好利他主义与合作精神。

按逻辑推理，上述过程所带来的结果，就是文化进化与遗传进化之间的作用积极地相互增强。单独拿出其中任意一个，都可以提高大脑增长的速度。而在两者共同作用的情况下，就能实现相互正增强。从能人到尼安德特人再到现代人类，大脑的体积一直在迅猛增长。一开始增长速度较为缓慢，而后越来越快，直到达到颅骨相对体积的物理限制带来的反作用力而造成的极限。最终，一个简单的解剖学因素减缓并抑制了人类智慧的进步。在投石掷矛的漫长岁月中，人类有机体的结构和功能并不是为了超越智人原始种族的水平，用越来越细长的脖子去支撑不停增长下去的摇摇欲坠的大脑袋。头部体积的增长在大约30万年前停了下来，而此时所达到的水平已经是最为理想的状态。

基因与文化共同进化的发生，是科学与人文达成统一的基础。我们不妨以衰老的过程为例来阐释这一问题。我们为什么必须死去？更宽泛地说，为什么每一个物种，以及每一个物种之中的每一个遗传血统，都具有特定的生命周期？如果你想为牧羊人或野猪猎人找一只寿命较长的狗作伴，那么就更应该选择吉娃娃（平均寿命为20年），而不是大丹犬（平均寿命为6年）。植物也有先天决定的生命周期。美国一些北方的针叶树有百年的寿命，木兰能长到150岁，而美国西南部的红杉和松树能存活数千年之久。但这些长寿植物最终也会衰老、死亡。对于科学和人文来说，还有什么是比人类生命周期和预设的人类生命跨度更重要的研究课题呢？

进化生物学中用于解释衰老和死亡的流行理论认为，每一个物种都进化出了某种特定的生活方式，其中绝大多数个体会因疾病、事故、先天性缺陷、营养不良、谋杀和战争等外界因素而死亡，其实际寿命长度远低于潜在的最长寿命。旧石器时代的生存规则就是如此严苛，当时很少有人能活到50岁。这种特定的长寿前死亡率至今虽有所改善，但依然适用于绝大部分人类。由此，自然选择便将活力与繁殖动力交给了人生的早期阶段，将富有生命力的生理机能和青春洋溢的心理状态赋予了年轻的成年人，而忽略了年龄更大的成年人。可以说，自然选择是选择放弃了对中年和老年阶段的投入。

随着新石器时代文明的到来，以及农业和粮食储存的出现，再加上外部因素导致死亡的情况日益减少，人类生存的条件发生了变化，也令自然选择在人类生命周期的发展过程中重新定向。文化进化削弱了旧石器时代的死亡因素，人类的平均寿命越来越长，生育年龄也延长至绝经期。

未来子孙后代所要面对的一个不可避免的问题，不仅仅是延长至中年的青春活力和生育能力，还有人类整体的遗传变化。绝经期的起始点会进一步推后。对文化进化和遗传进化的影响，也会相应增强。

贯穿人类史前史，基因与文化共同进化发挥了至关重要的作用。共同进化遵循一个不断重复的循环过程。语言和技术不断挑战边界、一往无前，能最好地利用上这些进步的遗传谱系，也会获得达尔文主义的青睐。

事实上，一种可能的情况是，让人类迈出巨大步伐的“能人革命”，是由基因与文化共同进化而驱动的。在我看来，这种可能性很大。在早期的智人阶段，文化基本创造不出来多少技术创新。如果真的有技术创新，那么新石器时代革命的出现就会比实际情况早许多，如今也不可能存在石器时代的采集狩猎社会。

另一方面，我们从逻辑和收集到的证据中可以推导出，在水平越来越高的移情与合作所构成的复杂社会行为的带动下，基因与文化共同进化形成了一股强大力量，促生了早期的口头语言。

天性：四个层面的改变释放创造力

人类的条件，即我们作为一个物种究竟是什么，我们希望自己成为什么样子，我们在肉体上和梦想中希望达到什么样的状态，取决于天性在四个层面的表现：第一，感官输入的处理，也就是听觉、视觉和嗅觉；第二，反射，以眨眼和自主神经系统为代表；第三，辅助语言，包括面部表情、手部动作和笑声；第四，符号化语言（见第 3 章），也就是令智人从所有生物中脱颖而出的决定性特征。四个层面之中的每一个，都在某种程度上经过了大脑情绪中心的改变。四个层面受制于潜意识大脑各个节点的决策，唤起记忆，在意识思想中构建起关于未来的图景。上述所有过程的结果，就是我们所谓的“思考”。

天性的第一个层面表现为人类的感官知觉严重偏向视觉和

听觉，而绝大多数其他类型的有机体则依赖于化学信号。格式塔心理学研究人员很久以前就已经发现，传入的感官信息会以可预见的方式被扭曲和模糊。视觉错觉的案例有很多，如鲁宾花瓶，图像中的花瓶会在我们的脑海中被转变成两个彼此相对的面部轮廓，继而在花瓶和面孔中来回切换。纳克方块由六个面积相等的平面构成，在转换方位和视角的过程中，前一面和后一面的竖边总会快速地不断更换位置。最令人百思不得其解的是穆勒–莱尔错觉。两条同等长度的直线，一条两端标上 V 形开口，一条两端标上 V 形闭口，前者看起来就会比后者更长。人们每当看到这种本能想要拒绝的实际证据，就会头皮发紧。

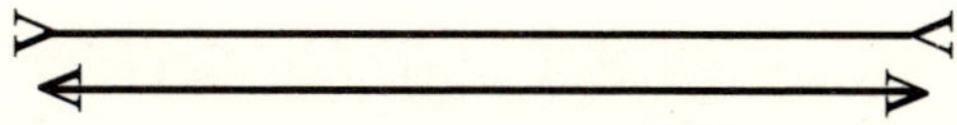

为了应对真实世界的模糊性，视觉系统还有其他无数种手段。大脑通过对信息进行自动重新排序和简化，管理视觉输入所带来的困惑。研究人员在实验室中请志愿者画出之前在脑海中记下的图像，志愿者会画出比实际看到的图像更加普遍化的形状，还会提高图像的对称性，简化图像的线条，增强细分结构，修正斜线，去除不相容的细节。

天性的第二层面表现为反射，它是真正与生俱来的，与有意识的思维无关，除非是事后回忆，人们才会将反射与意识联系起来。喷嚏、膝跳、不自主地眨眼、脸红、打哈欠和流口水都是反射。最复杂的反射是震惊反应。试想一下，你悄悄走近某人，藏在他背后，伸手就能摸到对方，然后突然大叫一声（我不建议你真的去尝试）。被吓到的那个人会立刻向前跌倒，低下头部，闭上眼睛，张开嘴。震惊反应的功能是防御，这里可以想象一位旧石器时代的猎人，当他被捕食者跟踪并从身后发起攻击时（比如豹子），就会立刻以一个整体放松的姿势向前滚出去。这样无须有意识地思考，也可以做出正确的决策，迅速采取行动。

天性的第三个层面表现为辅助语言。辅助语言信号包括面部表情、姿势和身体动作。这些信号是在有意识的情况下对外展示出来的。在某种程度上，这些辅助语言信号在所有文化中都是共通的，也普遍被用来替代或增强口头语言的表达。德国人类学家艾瑞纳斯·艾比尔－艾博斯菲尔特（Irenäus Eibl-Eibesfeldt）于20世纪60年代进行的野外研究，以非常详尽的细节证实，所有社会之中的人，从原始社会到无文字社会，再到现代社会和城市化社会，都在使用同样的辅助语言符号。其中最主要的是面部表情，用以表达害怕、高兴、惊奇、惊吓和厌恶等不同情绪。在研究过程中，艾博斯菲尔特与研究对象共同生活。为了避免引起不自然的拘谨行为，他特地用直角镜头对研究对象进行拍摄，让他们认为镜头对着的是另一个方向。艾博斯菲尔特的一般结论是，辅助语言信号是所有人类共有的遗传特征。

全人类通用或近乎通用的固定动作模式有很多，包括在遇到某人某事时抬眉以示惊喜：睁大眼睛，眉毛扬起，嘴角露出笑意。在儿童和某些女性中，相遇时的羞怯是通过避免目光接触来表达的，他们还常常会将脸埋在双手之中，将头转向一边。家里有小孩的大人都会用假装咬人的游戏和孩子玩闹。在游戏方面，男孩和女孩带有不同的遗传特征，男孩倾向于独自或与他人协作模仿打架或战斗，以此来表达占据支配地位。

新生儿会用手和脚去抓牢物体，还会手脚并用地爬行去寻找乳头。婴儿主要会发出五种声音：接触、不满、睡眠、吞咽及哭闹。婴儿在发出睡眠声音时，就是在向母亲发出信号，表示一切正常；当没有睡眠声音时，就表示哪里出问题了。吞咽声音也表明一切都好，如果没有吞咽声音，就说明出现了问题。最后，哭闹声用来表达强烈的饥饿、疼痛、不适或恐惧感。

上述所有信号和动作都是与生俱来的。作为支持证据，这些信号和动作也同样会出现在存在视听障碍的婴儿身上。虽然这些婴儿之前没有过视觉和听觉体验，但他们也会表现出同样的笑容与哭闹，以及代表不喜不悲的精神状态的冷静。此外，如果将这些婴儿独自留在某处一段时间，没有触觉接触时，他们就会开始咬指甲，表现出绝望的面部表情。如果被打扰，他们就会张开手掌，以示抵御。

随着研究人员对原始交流形式的理解日益深入，他们所观察到的通用词汇的丰富程度也逐渐提高。其中一类信号包括了在群体之中显示支配地位的姿势。这些姿势也是从一开始便取得支配地位的途径。人们发现，这些姿势和社会性旧世界猿猴的姿势非常相似。斯坦福大学社会心理学家黛博拉·格伦菲尔德（Deborah H. Gruenfeld）发现，在现实情况下，当人们在群体成员面前表现出下列特征时，就会感觉自己更加强大：行为和姿态开阔舒展，双手远离身体，讲话时与他人目光相接，又能轻松地看向别处；不对他人进行任何关于自己的详细解释；无论是在会议室还是在办公室隔间，他们都显示出一种主人翁的气度，以此对自己并向他人暗示，“这是我的办公桌，这是我的办公室，你是我的听众”。表现出支配行为的人通常都有着更高的睾酮和更低的皮质醇应激激素水平。

另一种非常原始的、与生俱来的支配地位的标志，就是随意地待在比下属所在位置更高的地方，无论是在舞台上、王座上、塔楼上、冠军领奖台上，还是在办公楼顶层。自上而下地俯视他人，尤其是以一种放松的姿态去俯视他人，就表明这些人在将其他人视作下属。不久之前我造访马德里时，在普拉多度过了整整两天的时间。我没有注意到一个高更的特殊展览，而是被我的平民基因所牵引，一脸崇拜地去瞻仰哈布斯堡王朝的皇室肖像。那些肖像中的人们都带着器宇轩昂的皇家风范，每个人都承蒙着“上帝的恩典”，摆着一副至高无上的姿态。其中一人是西班牙的菲利普四世，这幅肖像是鲁本斯在菲利普四世离世后创作的。只见画中的帝王骑着高头大马，站在一处高地之上。头部上方的空中还有天使陪伴。远处的下方，是战争中的士兵正在冲锋陷阵。小人物在战场上以命相抵，菲利普隔着老远却是一副平静安然的表情。他的姿态稍稍朝向观者，毫无感情的目光自上而下地凝视着观赏者的方向。

在哈佛大学，作为一名研究动物和人类先天行为的学者，我以崇敬的眼光目睹了一位同事在几十年间持续使用这种技巧。这位同事在研究方面不怎么样，在行政工作和本科生教学方面也是三天打鱼两天晒网，但在全体教师大会上，他以极其专业的支配地位表现赢得了崇高的威望。到达会议室时，他会信步走向系主任或院长所在的方向，坐在他们旁边的位置上，压低声音与领导攀谈，同时用一种稳重而略带审判的眼神注视着走进会场的各位同事。他基本上从来不会提前准备讨论议题，每逢遇到说不上话的时候，他就会拿出一种命令的姿态来掩饰尴尬：在会议开始时环顾四周，仿佛要代表所有人一般，以坚定的语气对会议主持人说："现在，我想知道的是……"这样的成功策略引发了我的思考，因为我在占支配地位的雄性黑猩猩身上也见到过同样的行为，那些姿态、面部表情以及特意选定的视线范围都极为相似。

尽管如此，社会心理学家也发现，根据不同的环境和情况，遗传性的非语言信号在具体细节上还是存在很大变化。2015 年，由威斯康星大学的宝拉·玛丽·尼登舍尔（Paula Marie Niedenthal）和玛格达丽娜·瑞驰洛斯卡（Magdalena Rychlowska）领导的一个跨国心理学家团队通过大数据分析发现，通过微笑进行的沟通在很大程度上取决于被研究对象所居住国家的开国元勋的多元化程度。以表达友好为意图的微笑，而不是以表达进攻或竞争为意图的微笑，在开国时多元化程度较高的国家中更加常见。

> 在与陌生人互动时，微笑的展露令人感觉可以放心地信任对方，并与其共享资源。此外，观察到伴随着合作行为而产生的微笑，可以增加人们在未来采取合作行为的可能性。谈判地位则是另一回事。在日本等同质文化中，这种类型的社会互动非常复杂，甚至具有潜在的破坏性。因为这类社会的长期群体稳定性创造出了一些条件，促成了固定等级的发展。在类似的环境中，微笑则表示成员间的互动不会影响到社会秩序，而笑容中的某些特定特征，能传达嘲讽、批评等显示自身优越地位的信息。

回到生物学的话题上，与生俱来的信号带有不同的形式和意义。而这些多样性则成了基因与文化共同进化的基本过程之中的一部分：自然选择实现的进化所塑造的天生特征，其多样性范围越来越小，类型越来越固化。基因与文化共同进化这个概念，是美国心理学家詹姆斯·马克·鲍德温（James Mark Baldwin）于 1896 年首次提出的，当时的说法是叫“鲍德温效应”。基因与文化共同进化，与天性的进化起源有着密不可分的关联。从本质上讲，有这样一条原则：当习得行为的某个变体被证明是有利的，而且经常重复，那么形成该习得行为变体的突变（而非忽略该变体的突变）的出现频率就会增加，随着时间的推移，这个新的特征也会变成固定特征。

蚂蚁和白蚁的社会等级是对“鲍德温效应”的完美诠释。达尔文也曾对这些昆虫痴迷不已。达尔文在位于唐斯的自家花园中一坐就是几个小时，聚精会神地观察着那里的蚁丘，默默地思考。据说，达尔文家的一位女仆说到此事，还提到了住在附近的小说家威廉·萨克雷（William Thackeray）：“真可惜达尔文先生整天无事可做，要是能像萨克雷先生那样多好。”

事实上，达尔文这位伟大的博物学家当时满脑子都是解不开的谜题，比萨克雷在写作过程中因情节和悬念的构思而陷入僵局时的挣扎要严重得多。达尔文注意到，蚂蚁身上的某些特质似乎与自然选择的进化论相矛盾，甚至有可能因此而彻底推翻进化论。他知道，典型的蚂蚁巢穴中主要有蚁后及负责整个巢穴日常运转和所有劳动的大量雌性工蚁，即便有几只雄蚁也是匆匆过客。而达尔文的困惑是：工蚁不会繁殖，几乎没有生育能力，而某些物种的工蚁甚至连卵巢都没有。如果工蚁不能繁殖，无法将自身从解剖学和行为学上的奴性传承下去，那么这些特征又是如何通过自然选择而得到进化的呢？终于，达尔文构思出来的答案被后世证明是正确的（达尔文基本上没犯过什么错）。

达尔文推断，巢穴中的所有雌性成员都具备相同的遗传特征。每一只雌性会属于哪个社会阶层，发育出何种特殊的身体结构和行为特征，是会成为蚁后还是工蚁，取决于它的成长环境。在蚂蚁从小小的肉球一样的幼虫长成伸着 6 条长腿、触须活灵活现的成虫的过程中，得到的食物的数量与质量十分关键。在 14 000

种已知蚂蚁物种中，决定蚂蚁成长为哪个阶层的具体细节因素可谓千差万别。但根据目前的研究情况来看，这种发展被证明有着以遗传学为基础的线性规律。研究人员解开的一个代码有着这样的规律：如果一只幼虫在某个特定年龄段发育到一定的大小，其发育将在下一个关键点到来之前继续不间断地进行，最终成为一只新蚁后，拥有全套的翅膀和卵巢。而如果幼虫没能及时在关键点达到合格的大小，那么本应长成翅膀和卵巢的身体组织发育就会停止，最终成为工蚁：没有翅膀，没有生育能力，个头也比新诞生的姊妹蚁后小得多。同时，生活在蚁穴中的所有成员在遗传基因上都是完全相同的。

人类之中的阶层定位多种多样，其形成是通过动态规划的遗传形式实现的，存在于心理学家所谓的“先备学习”之中。这一现象存在于人类本能和天性的基础之上。而当我们将天性以某种富有创造力的方式表达出来时，就形成了人文的核心。

关于先备学习的一个经典案例就是人对蛇的恐惧。这种恐惧与看到龇牙咧嘴的恶狗或近在咫尺的闪电所体验到的寻常恐惧和警惕完全不同，而是五脏纠结，反感到令人瘫痪的极端恐惧。而孩子可以习得喜欢上蛇这种动物，可以像抱宠物一样无所畏惧地抱着蛇到处走。我也做过这样的事，还因此在亚拉巴马州布鲁顿的米勒高中赢得了“威尔逊蛇人”的绰号。布鲁顿是一个风景宜人的小城，也是我的小说《蚁丘》中克雷维尔城的原型，这里有一支屡战屡胜的橄榄球队，而且只有一位常驻于此的爬虫学家——我本人。我特别喜欢向别人展示，当蛇习惯人的触摸时，它们会盘踞在你的手上休息，或是全无害人之心地钻到你的衣服里，可能是想找一找里面有没有老鼠或青蛙之类的猎物。它们的皮肤摸起来有一种皮革的质感，不像许多人以为的那样是黏糊糊的。它们忽隐忽现的舌头是伤不到人的嗅觉器官，而非毒飞镖。

但如果孩子被蛇吓到过，只要有过一次，吓到了一点儿，哪怕只是看到了可怕的蛇的图片或故事，或是看到地上有圆柱体的东西在扭而误以为是蛇，那么这个孩子就很有可能从此产生对蛇深恶痛绝的情绪，甚至有可能发展成一辈子走不出来、反应强烈、无法控制的恐惧症。

换句话说，“蛇恐怖”这种现象看起来很像本能，从某种意义上讲也的确如此（如果用上本能一词的传统意义）。但是，对蛇的反感同样也是习得的，而且很容易快速精准地为人所习得。那么，这种对蛇避之不及的本能有着怎样的终极因呢？很明显，答案就在于人类及前人类祖先在成百上千万年的历程中，因与蛇遭遇而面临的致命危险。只有一小部分的蛇是有毒的，但那少数几种蛇却是生存于地球表面最具危险性的动物之一。蛇咬致死事件发生率最高的地方是东南亚，那里生活着响尾蛇、蝰蛇、眼镜蛇和金环蛇。全世界最危险的职业之一可能就是在鲁塞尔氏蝰经常出没的地方采茶。这种蛇个头很大，非常凶悍，一咬致死，而且还很不容易被发现。在全球的热带和温带地区都有毒蛇分布。

即使在芬兰和瑞士，也发生过致命的蛇咬事件。

其他一些具有潜在危险的动物，也像来自久远地质历史中的鬼魂一样纠缠不去，在我们身上形成了遗传恐惧症。对于蜘蛛的本能恐惧我也有一点，而且一直没能完全消除。蜘蛛恐惧症的敏感期从 3 岁半开始，延续整个童年。对于 6 ~ 8 岁的孩子来说，对昆虫的恐惧一般会比年长一些的孩子更甚。对体型更大的动物的先备恐惧，一般在 5 岁之前不会出现。但对于狗（因为远古时期狗便是狼）的恐惧，可能早在 2 岁时就会出现。

那些令人头发倒竖的反感和恐惧，几乎完全限定于远古人类和前人类祖先在数不尽的岁月之中所面对的野外风险。除了各种动物天敌之外，还包括密集空间、高地、流水以及家门之外的陌生人。人类物种尚未有足够的时间进化出对刀具、枪支和汽车的恐惧，而这些才是现代生活中最常见的致死因素。

接下来让我们走近创意艺术的审美核心。对大脑阿尔法波的测量结果告诉我们，给人带来最大唤起感的抽象设计，在各项组成部分中存在大约 20% 的冗余。这样的复杂程度基本等同于一个简单的迷宫，或对数螺旋的两次旋转，或一个不对称的十字形状。如果复杂程度低于 20%，就会给人一种太过简单而没有吸引力的感觉，而如果复杂程度过高，则会看起来太“拥挤”。许多成功的艺术作品都采用了 20% 冗余的复杂水平，例如房梁上的雕带、格栅、书籍的末页、标语符号和旗帜图案等。

带有同样水平复杂程度的原始艺术和现代艺术与设计，也被人认为是其吸引力的一部分。最佳复杂性原则也许表现了大脑在一眼望去的视野中试图抓住全局时存在的局限性。遵从同一个道理的还有数字七原则，也就是一眼望去可以数清楚的物体数量，不必将画面分割成不同单位分别计数再加总在一起。

人文还没有把握住人类思想和创造力的玄妙天性。我们被情绪所统治，而情绪则是由无数史前史事件写进我们的DNA里的。关于这些史前史我们知之甚少，至今仍然是管中窥豹。同时，我们带着永远解不完的谜团，步入了飞速发展的科技时代。在不远的将来，科技发展和人工智能很可能会帮我们做到很多事情，但它们永远无法理解那些让我们之所以为人的古老价值观和感受。

地球生命无尽美妙。每一片“雪花”都是艺术家用无脊椎动物物种的多个图像拼凑而成的。

（陶阿娜·春哈、沙拉·卡里克、瓦奈莎·克努特森、劳拉·莱本斯伯格、凯特·谢丽丹。凯特·谢丽丹负责设计，并用 Photoshop 将雪花拼在了一起。）

THE ORIGINS OF CREATIVITY

自然给创造灵感

即使人类物种正在以越来越快的速度摧毁大自然，人类物种依然是众生最深刻的爱与恐惧的来源。就在我们快马加鞭地企图用人类化的环境覆盖整个地球时，我们应该也必须停下来想一想，人与大自然之间的关系究竟怎样，这种关系又为何存在。这种程度的自我理解，只能通过将科学与人文合为一体来实现。

自然为母：我们赖以生存的环境

人类存在的10万年时间里，大自然始终是人类的家园。在我们心中，在我们最深层的恐惧和渴望中，我们依然适应着大自然的全部。农场、村庄和帝国出现一万年之后，人类的精神依然停留在那个自然界的生态故乡。

在大自然这个自我持续的环境之外，我们无法长期生存。而我们赖以生存的狭小生境，也以大自然的慷慨馈赠为终极依托。自然界有着无比强大的力量和永恒的生命，这也是我们称之为“自然母亲”的原因。在人类的活动中，自然母亲受到诸多伤害，而这也不是什么新闻。从漫长的地质时间来看，人类不过是地球上出现的另一阵扰动而已。正如茱莉亚·罗伯茨为保护国际基金会代言时吟诵的诗句一样：

我并不需要人类，但是人类需要我

没错，你的未来由我决断

当我生机盎然，你也幸福平安

当我踟蹰不前，你也步履蹒跚

但我已存在亿万年

养育过比你更强大的物种

也饿死过比你更强大的物种

我的海洋、土地，我那川流不息的河水、茂密如盖的森林

要么与你共存，要么弃你于不顾

你选择怎样的生活，你决定对我报以尊重

或是对我不闻不问

我真的无所谓

无论怎样，你的行为决定的是你自己的命运，而非我的命运。

人类就是地球母亲养育出来的不守规矩的孩子。离家出走，想要到大城市一闯天下。但是，正如科学家发现的那样，也正如我一直以来强调的那样，人类的基因之中依然带有许多自然母亲的基因。引用达尔文的比喻，人类在自然界生存期间，进化在我们身上留下了“不可磨灭的印记”，表现为姿态和

面部表情等交流方式；同时，我们也生来就有自己向往的居住环境。在华盛顿大学的戈登·奥利恩斯（Gordon H. Orians）和其他一些科学家的先锋研究带动之下，我们已经较为全面地掌握了所谓的“栖息地选择本能”。接受测试的不同文化背景的人都表现出对以下地理位置的偏好：位于高处，朝向一片点缀着小树和灌木丛的宽阔草原；房屋背后是岩石和密林构成的山丘以作天然屏障；最后，房屋还要靠近湖泊、河流或其他水体。这种梦想中的家园画面非常接近人类和前人类祖先在起源之时居住的非洲环境。

亚洲、欧洲和北美洲的艺术家在创作关于田园和林地环境的绘画作品时，也会表现出同样的风景结构。总的来说，他们在绘画时会避免布满落叶林和针叶林的北温带原始环境。当描绘这样的环境时，他们也会在画作中加上草原和湖泊，从而让整体画面更加柔和。艺术创作通常会为人类祖先的本能偏好留下空间。

奥利恩斯通过将有机体囊括进来，对“稀树草原假说”做了进一步完善。从京都寺庙到英格兰的男爵庄园，园艺师们所广泛采用的树木形状，都具有与非洲稀树草原上十分常见的金合欢相同的特征：这些树往往有着相对于其高度而言异常宽阔的顶盖，短小的树干，小而分散的枝叶。日本在枫树和橡树的栽培上有着千年历史，目标就是为了不断追求上述特征。我本人就可以作为一个活生生的例子。在听说“稀树草原假说”之前，我最喜欢的树种就是日本枫树，直到今天它依然是我的最爱。

人类对非洲稀树草原这样的栖息地心存偏好，究竟有着怎样的适应性优势呢？我们理应去寻找一下问题的答案。所有已知的可移动的动物物种都会去寻找最适宜其生存和繁殖的环境。它们必须找到一个特定的适宜地点，而且要快速准确地来到此处。在现代人类身上看到一点点这样的蛛丝马迹，也是完全可以解释得通的。

一次，我在一场园林设计师的会议上讲话，提到了人类热爱生命的天性，也就是喜欢与其他生物体进行接触的天生爱好。那个时候，生物友好型建筑刚刚为行业所接受，我也在讲话中提到了人类栖息地偏好的“稀树草原假说”。让我感到困惑的是，台下的听众并没有什么特别积极的响应。是不是我讲得太深奥了，还是没把事情说明白？事后，我和一位建筑师朋友攀谈，问他我演讲时是不是说得不够清楚。他回答道：“不是，只不过你说的东西我们早就知道了。”

稀树草原故乡之所以塑造了我们的原始渴望，有一个简单且非常容易进行测试的原因。早期人类居于高处，就有了广阔的视野，能对下面吃草的动物和企图接近的敌人一览无余。住在水边，可以确保即使到了旱季也有充足的水源供应。而且，江河湖海也是食物的另一个来源。金合欢的独特外观，带有横向延展的低矮枝干，可以让早期人类在躲避狮子等凶猛强大到可以捕获人类的掠食动物时，迅速爬到树上。横向延展的粗壮而稀疏的枝干，可以让人在上面休息，等待掠食者自行走开。人们还可以将这些树枝当作瞭望站，在上面观察附近的动向，寻找猎物。

如今许多人之所以喜欢去林中漫步，而林中漫步的体验之所以对身体和精神健康有好处，答案就藏在进化生物学领域。诚然，漫步也属于体育锻炼的一部分，锻炼有益健康，但还有另外一些深藏于我们内心的东西在发挥作用。在我们心中，人类在某种程度上依然是以狩猎采集为生的人。那么，不妨与我一同回到久远的过去，加入旧石器时代祖先的行列，进行一场狩猎活动。

> 为了生存，我们必须时刻眼观六路、耳听八方。我们要翻山越岭走上很远的路程，还不能沿着固定路线走。掠食动物和敌方侦查员特别喜欢藏在固定路线旁边等候机会。一个理想的栖息地应该是欧洲、亚洲和北美洲温带地区的成熟硬木森林。在那里，你能看到之前没见过的植物和动物。而这些出现在你眼前的生命，只不过是森林边缘附近整个动植物群落的一个零头。数十种植物、苔藓和地衣物种，无数的真菌物种，数千种蜘蛛、千足虫、蜈蚣、螨虫和跳虫。这份生物花名册上还有数不尽的动植物，其生物学特性至今依然鲜为人知。就算是身处华盛顿的石溪公园或纽约的中央公园，里面依然有一些物种尚未被科学界发现。

我想说明的是：对于那些懂得去体会大自然的人来说，自然母亲就是一口充满无限神奇的魔幻水井。你打上来的水越多，就有越多的水等待你去打。刚开始涉足荒野环境时，你很可能会错过最有意思的部分。随后，你会看到越来越多的东西，并开始给它们取名字。之后，还会有更多前所未见的细节出现在你眼前。你会发现，每一个物种本身都是一部史诗。我有一位昆虫学家朋友，在退休之后搬到佛罗里达居住。在那里，他一直不断地观察着生活在自家后院的赤蛱蝶，一代又一代，从毛虫到成虫。在外人看来，这个爱好可能没什么意义，但他在观察中发现，赤蛱蝶是带有独特个性的复杂陆生蝴蝶。他日复一日的观察为科学的发展做出了非常有意义的贡献。

若想体验荒野的魅力，你无须去往亚马孙或刚果，在那些“微荒野地带”就潜藏着足够多的新鲜事物和有趣挑战。最近新出现的一系列关于大自然的著作，就对小面积荒野进行了详尽的探索，最为卓越的就是安妮·迪拉德（Annie Dillard）创作的《溪畔天问》（*Pilgrim at Tinker Creek*）。这部作品于 1974 年荣获普利策奖。其他值得一提的作品还有戴维·卡罗尔（David M. Carroll）的《随水而去》（*Following the Water*）；戴维·乔治·哈斯凯尔（David George Haskell）的《看不见的森林》（*The Forest Unseen*）；戴夫·古尔森（Dave Goulson）的《草地上的嗡嗡声》（*A Buzz in the Meadow*）。这些作品将科学自然史与诗意的理解融为一体，令看不见的东西现身眼前，让微不足道的生物变得伟大，使生命的美丽沿所有维度更加舒展地呈现于读者面前。

达尔文在《物种起源》一书的结尾，提到了“纠缠的河岸”，这处狭小的空间似乎蕴藏着无限的生物多样性。如此著名的构思怎能逃过创意艺术家的关注？杰克逊·波洛克（Jackson Pollock）于 1950 年创作的著名画作《秋韵》（*Autumn Rhythym*），若从模糊的视角看去，给人的第一印象很像是英国杂草丛生的路边荒地，或是其他类型的生态系统。后来我得知，艺术家在创作这幅画作时，的确意在表现大自然的景象。无论他人如何看待波洛克的作品，至少从我个人的角度来看，其中充满了大自然的气息，尤其是他的《8 号》作品。

尽管如此，各个领域的创意艺术家还远远没有发挥出探索荒野和生物多样性的潜力。令物种数量不断增加的进化力量，最终固化成有序生态系统的原始混沌状态，侵犯本地自然生态系统的入侵物种，还有太多太多自然和人为的因素，都可以通过美好的诗词和视觉表达而被转化成思想和情感。

猎者凝神：天人合一的极乐境界

全然沉浸于杂乱的河岸环境之中，是专家级猎者在寻找某个特定动植物时所要进入的凝神状态。猎者如老虎一般，独自行动，寻找落单的猎物，而不是像狼那样集体出动。猎者对猎物所在地的一草一木了如指掌，他对地面和植被之中的一点点不起眼的变化都非常警觉，因为每一点变动都有可能掩盖他正在搜寻的动物踪迹。他要准备好从远距离开始跟踪目标，每一步都迈得很小心，因为每一步都事关生死。或者，他会在原地静静地埋伏好几个小时。为了成功完成捕猎任务，他必须知道猎物有可能采取什么样的行动，猎物何时会感觉到他的存在，从哪个方向能感觉到他的存在，什么时候可以准备就绪，张弓射箭。当猎者将整个 Umwelt 当作自己的猎物时，就会表现出最佳状态。

对于一些人来说，狩猎是超脱于意识层面的精神体验。

在《猎者凝神》（*The Hunter's Trance*）一书中，卡尔·冯·埃森（Carl von Essen）讲到一位猎者。一天，这位猎者在科罗拉多高地跟踪一群麋鹿。

> 我偶然间发现了几只麋鹿刚刚留下的足迹，其中还有一只雄性。那天早上，天气晴朗，阳光充足，微风轻拂。我想，我可以找到接近猎物的路径。一个小时缓慢而谨慎的跟踪之后，我发现了一处宽约45米的狭长空地。如果麋鹿就在附近，那么我穿过这片积雪泥泞的草地，一定会被它们发现。于是，我决定保持完全静止的状态，全神贯注地盯着对面的山坡。
>
> 现在，我感觉到了它们的存在，不知为何，我也能感觉到它们知道我的存在。我就站在那里，而时间的意义在那一刻也完全改变了。可能仅仅只有几分钟，但在当时的我看来，却如同一小时之久。对此情此景的强烈感觉，冲击着我的内心。我的所有感官似乎都锐化到了锋利的刀刃上。我听见了远处溪流发出的最细微的潺潺声，还有树叶发出的沙沙声。所有声音都仿佛被天空中的喇叭放大了一般。周遭的每一样事物都仿佛离我越来越近，而我也感觉到，自己似乎神奇地与周围的一切融为一体，产生了一种归属感。我与

此情此景之中的每一样东西都产生了联系。小草、树木、岩石、昆虫、鸟儿，还有在我视线范围之外，正在静静地往山上行进的麋鹿。我感到一股强烈的情绪上涌，一种生命的喜悦，一种有机会与万事万物共同存在的快感。我这辈子永远也忘不了那一天。

人们无须手持一把温切斯特步枪，或心怀对狩猎这场血腥仪式的欲望，也能体验到猎者的凝神。作为一名博物学家，我已经很接近这种状态了。但是对于博物学家而言，比全意识地入定状态更重要的是对影像的搜寻。生态系统的广袤与富饶之中，潜藏着成千上万种不同的元素。而博物学家要做的，就是在这万千世界中，发现他心目中动植物物种的特征所具备的元素。直到今天，我都无法用语言去形容在搜寻不为人所知的罕见物种过程中，我作为一名博物学家所体会到的愉悦之感。但是，我能给你讲几个故事。

调动博物学家内在搜索引擎的力量，曾给我带来非常难忘的体验，其中最有意思的一次就是缺翅虫的发现历程。缺翅虫是一类非常罕见，而且很不容易被发现的昆虫。记得我在亚拉巴马大学读大一那年，一个早春的日子，我在飓风溪沿岸的针叶树－硬木混交林中一路走去，想要寻找不常见的新蚂蚁物种。我从一块腐烂的松木桩上掀起一块树皮，只见下面是一个之前被甲虫幼虫吃空了的空洞。这种特定的小生境总是会被小型罕见蚂蚁物种和其他神秘居民选定作为筑巢地点。这块木桩上也有几只小昆虫正在那里。我一掀开树皮，它们就开始逃散，去往树干上尚未被破坏的黑暗部分。这些昆虫在一起，形成了一种相伴而生的混杂状态，稀稀落落地分布着一些像小蝎子一样的裂盾目蛛形纲动物、跳虫、甲螨，还有不知名的小个头甲虫。同时，在这个小型洞穴中我还看到了另一样东西：几只长得有点像白蚁的小虫子，同样是白色的细长身形，但个头更小，外观更精致，行动更快，动作更古怪。此时，它们也正向边缘撤退，想要躲起来。

我收集了几个活体标本，将它们带回我位于乔西亚诺特楼的实验室，在显微镜下进行细致观察。我很快便发现，它们是缺翅虫属的昆虫。从解剖学上来看，缺翅虫极为特殊，要专门为它单设一个目，名为缺翅目。在动物学分类系统中，其级别相当于所有的苍蝇（双翅目）以及所有的甲虫（鞘翅目），还有所有的飞蛾与蝴蝶（鳞翅目）。

我后来得知，它们也是地球上的稀有昆虫之一。第一次被人发现是在 1918 年。自从那时开始，缺翅虫就有了“天使虫”的俗称。这种小虫子非常适合这样的称呼，它们就像是小小的羊羔一样到处奔跑，体色雪白纯洁，人畜无害，对周围长着尖利下颚的掠食者毫无招架之力。它们以真菌孢子为食，就像我们去野外采蘑菇来吃一样。

我突然想到，缺翅虫之所以长久以来不为人所知，很可能是因为它们只生活在我碰巧发现的那类特定的微环境之中。我这个猜测后来被证实是正确的。我又跑去朽木那里，翻开树干，轻而易举地找到了我那小小的天使虫。而这块树桩的腐朽程度，正巧是最适合它们生存的。后来的实践证实，若想寻找缺翅虫，就要去翻一翻腐朽的木桩。没多久，我便发表了我的第一批科学文献之中的一篇，题为《亚拉巴马州的缺翅虫》。这篇论文在学界被广泛传阅，因为没过多久，其他昆虫学家也开始纷纷在美国东部地区的野外寻找起天使虫的行踪。后来我在其他地方有没有找到过缺翅虫呢？有！我在哈佛大学做博士后研究时，不经意间在南太平洋的新喀里多尼亚和新几内亚首次找到了那个地方的缺翅虫，还有人在中美洲找到了缺翅目的其他物种。后来，我的一位研究生杰·楚（Jae Choe）以巴拿马的缺翅虫生命循环为主题，撰写了他的博士论文。

有时，人们能在缜密的搜索中找到非凡的物种，另一些时候，人们也能碰巧在转瞬即逝的一瞥间，认定某个从未被人发现过的生命。1955 年，我来到新几内亚的一处几乎从未被生物学家涉足的区域，与当地几位捕猎技术高超的巴布亚人一同出动。我们进入休恩半岛那人迹罕至的密林，向海拔 3 600 米的萨鲁瓦吉德岭中心地带出发。5 天之后，我们抵达山顶，天气阴冷，下着小雨，周围的草地上零星分布着棕榈树和苏铁。当时，我本以为自己是来到萨鲁瓦吉德岭地带的第一位非本地人，后来才得知，早在 20 世纪 30 年代，美国植物学家玛丽·斯特朗·克莱门斯（Mary Strong Clemens）就曾经身临此地。克莱门斯当时已迈入中年，有着极强的意志力。她理应在先锋女性主义者的光荣榜上占据一席之地。

我来到此地的目标，除了追求身临鲜有科学家涉足的山顶生态系统而带来的兴奋感之外，还要为哈佛大学的全球研究计划收集蚂蚁标本。同时，我也会寻找令我感兴趣的其他物种标本（我还真找到了几个新的青蛙物种）。当我们穿越较高的植物区系后，我发现蚂蚁物种也发生了变化，它们的身影越来越不容易被发现。等到了海拔 2 200 米之后，就一只蚂蚁都找不到了。

我在低海拔山林地区收集到了几只蚂蚁标本，其中一只有着非常奇异的解剖学特征。我发现它时，它正在灌木丛的一片叶子上缓慢行进。我在周围的地上找了个遍，又将附近的植被彻底搜查了一番，却没能找到这只蚂蚁的巢穴，也没能找到一只它的同伴。

如今已经 60 多年过去了。我已经准备好，带着理直气壮的偏见，将这只蚂蚁认定为全世界最美丽的动物。也许，你会因为这个标本的身形太小而对我的判断不屑一顾，但我想请你首先在脑海中将它 5 毫克的体重想象成 5 公斤（基本相当于一只大鸟或中等大小的哺乳动物）。我一生见过无数动物，世界上任何一个地方的鸟类和哺乳类动物，没有几种可以和这只小小的山地蚂蚁相媲美。

这只蚂蚁身体的角质铠甲带有一种闪亮的黑棕色，仿佛是上过色、抛过光的金属质地。平行的排排沟纹，从眼睛前面的边缘处一直延伸到下颚的开口处，看起来很像是两两相对的如针尖般锋利的牙齿。身体的暗色令触角和六条腿上闪闪发光的金属色泽尤为显眼，表现出或明或暗的立体效果。和所有工蚁一样，这只蚂蚁也是雌性，而且它也一定是一位凶残的战士。我不知道它究竟面对过什么样的敌人，捕获过什么样的猎物，但我真的很想一探究竟，因为它的武器装备是如此令人敬畏。其中一个非常显著的特征就是从身体中部后方高高隆起的一对巨大的棘状突起，如同公羊的角一样扭转弯曲。很明显，这对突起的作用是保护蚂蚁纤细的腰部。还有一对短一些的棘状突起，如同玫瑰花丛中的刺一样，守卫着同样脆弱的脖子。还有两对棘状突起位于身体后方，从腰部第一节长出，跨过结合点，落于第二节。

这个物种的第一个标本，是 1915 年由一位德国昆虫学家收集到的，被命名为“Lordomyrma rupicapra”，其中第一个词包括了希腊语的“蚂蚁”，第二个词借用了岩羚羊（Rupicapra rupicapra）的名字。从上往下看，这只昆虫身体中部的线条和形状，很容易让人联想到羚羊的头部。

一个多世纪以前的这次发现，不过是在一次探险行动中发生的一件微不足道的小事而已。那次探险沿袭了欧洲自然史上辉煌而古老的探险风格。那个时候，关于新几内亚的动植物群落，人们了解的比现在更少。如今，罗伯特·泰勒（Robert W. Taylor）

是该地区蚂蚁研究的专家。他保存着当初的第一个标本和相关记录，也传承着当年的探险精神。这段记录实属探险自然史中最优秀的内容之一，值得在此全文摘录：

> Lordomyrma rupicapra 的正模标本很可能是从高海拔地区收集到的，最大的可能是来自云中森林地区。收集者伯格斯（S. G. Bürgers）曾在著名的德国凯瑟琳－奥古斯塔－弗拉斯探险（Kaiserin-Augusta-Fluss Expedition，1912—1913）队中身兼医生和动物学家两职。这次探险为期 19 个月，主要对塞皮克河及其上游盆地进行了考察。这支科学队伍在蒸汽船通航水域，向上游航行了 900 公里。团队在上游陆地共进行了 4 次考察，每次平均用时 3 个月。团队针对所有超越之前的威廉皇帝领地和荷兰新几内亚边境（现在的巴布亚新几内亚和印度尼西亚西巴布亚）并向西延伸的塞皮克河的支流，都进行了深入源头的考察，也进入了伯瓦尼和托里切利山脉北部地区和中央山脉南部地区。地理学家贝尔曼在记录中提到，曾于“潮湿寒冷的 2 000 米高峰”，以及跨越“2 000 米高施拉德尔山脉”等位置收集到标本（4°59’S，144° 05’E）。荷兰国家植物标本馆收藏着植物学家赖德曼（C. L. Ledermann）对标本收集位置的记录，其中包括 3 个海拔 1 000 米以上的位置，分别是：罗德伯格峰（4°50’S，142°29’E），1 000

米；汉斯坦峰（4°29'S，142° 42'E），1 350 米（赖德曼在顶峰度过了 17 天）；霍朗伯格，1 800～2 000 米（此处提到的位置坐标，是探险队扎营的位置）。

关于这一物种被发现的具体过程，我在此没有详细介绍，而是通过标本收集的过程与叙述，展示了科学与人文的两种原型。对地理探索的神往和对科学发现的期望，将我带到了新几内亚。而如今，同样的吸引力依旧可以将人们吸引到地球上尚未被人涉足的荒野之境。人们总会情不自禁地运用创意艺术的力量，呼吁更多的人对大自然的生命世界予以关注。

与此同时，我想以 1952 年与弗拉基米尔·纳博科夫（Vladimir Nabokov）的会面来结束关于猎者凝神的叙述。纳博科夫是我在自然史领域的灵魂伴侣。当时，我还是一名 23 岁的研究生，在哈佛大学比较动物学博物馆进行博士论文的写作工作。纳博科夫 53 岁，当时还没有成为著名的小说家。我只知道他是鳞翅目专家，也就是研究蝴蝶的学者。他最懂的是那些蓝色的蝴蝶，也就是构成灰蝶科的那些个头不大、色彩靓丽的昆虫。纳博科夫之前曾在哈佛大学从事过蝴蝶标本收藏的工作。他为博物馆补充的那些标本，如今成了文学历史学家和昆虫学家共同珍视的宝物。我当时并不了解他的文学才华，去拜访他只不过是为了扩展我对蝴蝶和其他昆虫的知识，就像我与所有来到博物馆的昆虫学家进行的交流一样。

14 猎者凝神：天人合一的极乐境界

纳博科夫给我讲了一个发生在他自己身上的关于蝴蝶的故事，其中还有一个非常有趣的转折。他遇见过一位船长，他不久前刚刚航行到位于南极洲附近的凯尔盖朗群岛[①]。这处群岛与世隔绝，其自然史至今不为人知。纳博科夫对这样一个远离尘嚣的环境非常感兴趣。“那里有蝴蝶吗？”他问船长。“没有，”船长答道，“一只也没有，只有一堆蓝色的小飞虫。”

凯尔盖朗！我们激动地谈论着地球上那些神奇的地方，以及潜藏在那里的尚未被人发现的物种。随后的一年，我拿到了三年的研究经费。这笔钱能让我想去哪就去哪，想做什么就做什么，前提是按要求完成“一些非凡的东西”。我走遍世界，去寻找不为人所知的蚂蚁物种：古巴的山林，墨西哥火山顶坡，位于南太平洋的新喀里多尼亚和瓦鲁阿图群岛上的雨林，新几内亚的萨鲁瓦吉德岭等地，还有澳大利亚人迹罕至的努拉巴平原西部边缘，每到一个地方，我都会欢呼雀跃地去寻找“非凡的东西”。在自然史的探险历程中，又怎么可能找不到呢？

我很理解落基山麋鹿猎人和深入无人之境的鳞翅目学家内心的向往与渴望。正如纳博科夫后来表达的一样。“当置身于稀有蝴蝶及其所食用的植物之中时，”他写道，“我体会到了永恒的终极喜悦。”

---

① 一座由火山喷发岩形成的火山岛，位于南印度洋，岛上气候潮湿，多暴风雨，主要覆盖着草本苔藓植物。——编者注

> 那是一种狂喜。而狂喜的背后，还有着一些其他东西，很难说清。就仿佛一个瞬间的真空状态，所有我珍爱的东西在一刹那全部涌入。那是一种阳光与岩石合而为一的感觉。内心澎湃着感激之情，感激操纵人类命运的奇才，感激挪揄幸运凡人的幽魂。

对我而言，同样强烈的感觉也曾重回我的内心。那是2016年，我应邀作为首席名誉科学家参加赫德岛探险活动（无奈因为年事已高而缺席）。这处岛屿也位于南极洲附近，比凯尔盖朗群岛更加偏僻，岛上还有一处活火山。我给探险队队长罗伯特·施密德（Robert W. Schmieder）写信，告诉他我荣幸之至。我还补充说，如果探险队此行会寻找蚂蚁，那么就接受他的邀请。“你肯定找不到蚂蚁的，那个地方太过潮湿寒冷。但只要知道你去找了，就会让我感觉好一点。”

花园繁盛：人类追寻的精神家园

时光穿梭到35 000年之前，在遍及欧洲和亚洲的旧石器时代遗址中，现代人类的祖先以及他们的姊妹物种尼安德特人，将亡者埋葬于土中。而这就为当今的考古学家留下了一笔巨大的宝藏。在浅浅的坟墓中，古人常常将家用物品和亡者身上的装饰品共同掩埋。现代人发现，所有该时期墓葬中，每1 000年的时间段只有3座经过了精心的装饰，由此显示墓主人的崇高地位。

新石器时代早期，以农业、剩余粮食的储存以及定居的村庄为标志。到了这一时期，墓穴中开始出现哀悼者安放的花床。最早的一处置有花床的墓穴距今13 700年，位于以色列北部卡梅尔山拉齐飞特洞穴中的4处遗址。

鲜花与花园之所以在现代人的生活中占据如此重要的位置，有一个合乎逻辑的解释。诗人兼博物学家戴安·艾克曼（Diane Ackerman）用近乎完美的语言对此进行了叙述：

> 花朵的芬芳是在向整个世界宣布，它有着旺盛的繁殖力，随时可以进行繁殖，而且非常希望参与繁殖。花朵的性器官渗透着满溢的浓郁花蜜，花朵的香味用无言的方式让我们感受到了繁殖力、活力与生命力，唤起了我们所有关于青春绽放的最美好的憧憬与热情。我们吸入它炽热的香气，无论男女老少，都会瞬间置身于燃烧欲望的世界，感觉自己也变得年轻而性感。

花朵装点着文学作品、时尚风格和宗教仪式。花朵宣示着仪式的进程，标志着庆典的召开。人们将花朵扎成花束，编成花环，并用这些饰品彰显着我们的身份地位、我们的目标，以及我们当下的风范。

花朵的美丽和芬芳并不是为了让人类享受而出现的。开花植物，即被子植物的目的（世界上有超过 370 000 种开花植物），就是纯粹的性需求。花朵的功能是吸引传粉动物。传粉动物以昆虫为主，但除此之外，还有许多鸟类，甚至还有几种哺乳动物。花朵与传粉动物之间的关系是共生的。确切地讲，是“相互共生”，关系之中的双方都能从对方身上获益。

不同物种之间为实现共生而采用的策略，在不断进化的过程中，似乎展现了能取悦人类艺术情怀的特质。假木豆属兰花是非常引人注目的热带附生植物，这种兰花是从细长叶片之中高高耸立而出的一片精致的淡粉色小花。仙客来则是在宽阔叶片之中长出的造型肆意的红色或白色花朵，而叶片也呈现出夺目的绿色和白色，仿佛自己才是这场表演的真正明星。圣诞节珊瑚金鱼藤色彩的鲜艳程度可以与人类艺术作品相媲美，在一片爬藤和小叶子之中，垂下管状的红色花朵。

上述例子以及无数其他没有讲到的例子，都是将身体的一部分用来做展示的植物。它们依赖于在日间出来活动的具备色彩视觉的动物伙伴。在同等程度上，这样的关系已经进化出了另一个方向。有的动物在自然选择的压力下进化出了色彩视觉，从而可以采食植物提供的花粉和花蜜。植物和动物这两种类型的伙伴，以平等的关系实现了共同进化。

人类不仅注意到了这种遍及世界各地的共生关系，而且将其发展到了全新的高度，创造出了以花朵为基础的全新艺术形式。花卉设计有着悠久而灿烂的历史。举例来说，一幅创作于1640—1645 年的圣弗朗西斯的画像中，西班牙画家弗朗西斯科·德·祖巴兰（Francisco de Zubarán）画出了圣者的整件长袍，周围簇拥着百合花。而百合花的颜色也恰好反衬了圣者面部亮处的肤色。百合花掩映于棕榈叶之中，与长袍飘扬的角度统一。

让·奥诺雷·弗拉贡纳尔（Jean Honoré Fragonard）的作品《玛丽–玛德莲娜·吉马尔小姐》（*Mademoiselle Marie-Madeleine Guimard*），对法国旧君主专制制度的放纵无度和穷奢极欲进行了充分展示。画中女郎是著名歌唱家兼舞蹈家，按当时的标准来看，她是法国最美丽的女子之一。在她身边的是她心爱的一簇簇玫瑰，花朵蔓延到她的头顶，簇拥着她的手臂，整个身体都被层层叠叠的玫瑰包围着。一眼看去，吉马尔小姐已然化身为一朵鲜花。

与上述两个经典案例截然不同的是，保罗·曼西普（Paul Manship）的优秀作品《清晨的心情》（*The Moods of Morning*）。这是一尊刚刚从梦中苏醒的仰卧的男子塑像。塑像身下是许多花蕾，与上面的一丛百合花与天堂鸟花融为一体。用艺术评论家维多利亚·简·雷姆（Victoria Jane Ream）的话说，最后的这把花束“更加绽放，更加热烈，以色彩和姿态的大爆发为终结”，也象征了塑像主人公的完全觉醒。

话题转向另一个领域。自从文明伊始，装饰性花园中就有了在雕塑妆点之下的鲜花和水果。一般来看，花园是农业的重要体现。而农业则是人类从旧石器时代狩猎采集的生活方式进化到文明社会的途径。在世界各地，先人各自发明着当地的农业。除了澳大利亚以外，从12 000年前的中东地区到5 000年前的“新世界”，每一块有人居住的大陆都出现了独立发展的农业。农业存在两种可能的起源方式。第一种是人们直接观察到可食用的种子和果实能长成植物，而这些植物又能制造出更多的可食用的种子和果实。另一种就是，人们喜欢成群聚居于特定的树木、灌木丛和草本植物附近。这些植物有着很高的果实产量，能将其余不结果的植物清除出界。自然而然地，人们开始去选择并有意栽种那些高产的植物。农业就这样出现了。

花园就像它们代表的自然界一样，有着复原和治愈的效果。一直以来，人们都切切实实地感受到了花园的作用和力量。科学家在实验基础之上，也证实了花园的有益功效。其中一个实验中，研究人员给志愿者播放了一部令人备感压力的电影，之后又播放了关于大自然或都市环境的视频。从心率、血压、面部肌肉紧张程度和皮肤电传导等指标上看，那些观看了大自然景观的人，压力水平得以释放和下降。但那些观看了都市景观的人，压力水平没有变化。其他一些研究成果也如人们预料的那样，在植物和水构成的环境之中，人们在外科手术或牙科手术之前所表现出来的压力症状能得以缓解。此外，手术后的患者如果有机会欣赏一下自然环境，或仅仅是看一看医院墙上挂着的关于自然的图片，也能恢复得更快，并发症更少，止痛药的服用剂量也更低。

随着财富的积累和社会等级制度的兴起，统治者和富人以展示和娱乐为目的，纷纷建起观赏性花园。后来，在法国、西班牙、日本和斯里兰卡等地，这些花园也对公众开放。如今，绝大多数社会都建有向所有阶层开放的、以休闲为目的的公共花园。

北美和欧洲大部分地区的人常常将自家宅院模拟成大自然的样子，铺设草坪，种植观赏性树木和灌木。然而，尽管自然环境带来的好处无可否认，但景观开发人员还是会经常在无意间犯下两种错误，对人们从本能上热爱着的大自然造成破坏。第一种错误就是对草坪的痴迷。人们都喜欢开放的空间，而且很可能自从人类在非洲大草原上诞生以来，就有了这样的爱好。但是草坪可以说是全世界最糟糕的环境之一。薄薄的一层浅草铺设在贫瘠的水泥地之上。每一片草坪（如果我们先把英勇叛逆的蒲公英放在一边不谈）都是外来物种的单一环境，需要消耗大量的水，还需要定期施用化肥、毒性除草剂和杀虫剂。而这些有毒物质最终会渗入地下蓄水层和江河湖海之中。

第二种令人担忧的错误是，许多景观规划人员会以植物外表的美观程度来进行装饰性树木和灌木的甄选，而基本上不会考虑其地理上的原产地。从环境的角度来看，放弃本土物种、选择外来物种的行为有着极其深远的影响。其中最明显的现象就是以本地植物为食的昆虫数量越来越多。野生动物生态学家道格拉斯·塔拉米（Douglas W. Tallamy）发现，宾夕法尼亚州以本土木本植物为食的昆虫的生物量，是食用外来植物昆虫生物量的 4 倍之多。塔拉米认为，这种差异主要是因为本地昆虫在食用外来植物的过程中，其咀嚼能力会逐渐下降。而这些昆虫的物种本身并没有真正适应下降的咀嚼能力。他发现，本土物种所支持的毛虫（飞蛾幼虫）生物量，比外来物种所支持的生物量多 35 倍。

从景观规划的角度来看，选择那些经常长虫的树木和灌木似乎并不对路。但事实却恰恰相反。昆虫，尤其是毛虫，正是鸣禽雏鸟的首选食物。本土的木本植物能产出更多的鸟儿，从而实现整体上更加富饶的生态系统。健康的鸟类种群数量能对欧亚舞毒蛾和白蜡窄吉丁等害虫数量的快速增长予以控制。此外，帮助本土鸟类种群保持在可持续的规模上，我们就能缓解其中最稀有物种的灭绝风险。在景观设计中，用本地植物替代外来植物不失为一个好的选择。因为本地植物在外观上也具有相当的吸引力，而且无论从哪个角度来看都更加富有生趣。这样的做法不仅对环境有益，而且也有更高的成本效益。这就是在个人层面落到实处的自然保护精神。

“生物爱好”是一种本能，得到了人文学科和科学研究的支持。这种本能将人类吸引到地球上其他生命形式的身边，给我们带来了深层的满足感。虽然我们刚刚开始研究生物爱好的进化起源和生境生物学的影响，但主打生物爱好的设计风格已经成为建筑领域一股逐渐壮大的新兴力量。其中最著名的原型就是弗兰克·劳埃德·赖特（Frank Lloyd Wright）的建筑“落水”。这栋建筑坐落于森林之中、瀑布之畔、正面直对着一个下坡、悬挑的二层结构，让人联想起岩石的峭壁和从中传来的潺潺流水声。这栋住宅于 1937 年首次有人入住。如今依然是人类亲近大自然的住宅环境的理想代表。

后来的一部生物友好的大作是由米高·海吉宁（Mikko

Heikkinen）设计的位于华盛顿的芬兰大使馆。这栋建筑作品在设计和能源效率等领域获得了诸多大奖。建筑的内部是敞开的，能将阳光尽收其中，为其中的每个角度都注入自然光线。在我看来，这栋建筑最引人注目的特点就是其所在位置。它没有建于精心修剪的草坪之中，而是位于石溪公园不受人打扰的林地边缘。芬兰大使馆的一半都是落地玻璃墙，从里面能一眼望到几米之外的森林内部。

到了21世纪末，如果目前的人口发展预测是正确的，那么人口总数将会达到100亿~120亿的峰值，比现在多50%，其中绝大多数人将生活在城市之中。那时，城市里将会是一幅怎样的景象？如何供养如此密集的哺乳动物生物量？城市里是否会布满岩石山峦般此起彼伏的四季恒温的摩天大楼，实现所有的反乌托邦愿景，而居于其中的人的所有需求与渴望都能得到满足，就像居住在非洲白蚁巢穴之中的巨型白蚁一样？或者，这些建筑物的规划者能找到某种方式，让大自然的元素也融入其中，让人们能更加贴近人类古老的基因传承？这样的城市是否能让我们保有完整的人性？

我在《半个地球》[①]中提出的一种将大自然引入人类居住环境的方法，就是配备整面墙的电视屏幕。我们可以足不出户，在家中实时观赏世上仅存的最美好的野生栖息地。如果让我来选，

① 本书中文简体字版已由湛庐文化策划、浙江人民出版社出版。——编者注

我会选择塞伦盖蒂的水洞、亚马孙丛林的树冠、印度尼西亚的珊瑚礁（并随着配备微型摄影器材的大白鲨穿越太平洋），还有黄石公园温泉之中的微生物细菌与藻类森林。许多专家认为，黄石公园的细菌与藻类森林可能是地球上最早期的生态系统留存至今的样貌。

此外，正如蒂莫西·比特利（Timothy Beatley）在《生物友好城市：在城市设计和规划中融入自然元素》（*Biophilic Cities: Integrating Nature into Urban Design and Planning*）一书中所讲，以及其他有着同样观点的城市建筑师所言，将自然界中的某些部分带入城市中来并不是非常困难。现有的公园和正在规划之中的自然景观，可以看作是保持丰富本土生物多样性的种子。人类的本能和面临的机遇为伟大的蜕变扫清了障碍。闲置的空地、建筑物之间的空隙，以及没有利用起来的河岸土地，可以放任其重新孕育出天然的动植物群落，并将其作为休闲设施和教育基地（如芝加哥荒野项目正在做的事情一样）。我们可以在没有利用起来的房顶空地上建起花园和自然生态系统，并利用藤蔓植物和自然界中的悬崖植被，来装点摩天大楼的侧面。只要能满足自身需要，城中居民都会喜欢家园周围有蝴蝶翩翩起舞，有早春的花儿迎风招展，甚至在小片原始森林上空看到猎鹰疾飞而过。

威廉·布莱克最喜欢的作品，表现了乌里曾神在创造第二次启蒙时的情景。布莱克认为，乌里曾是邪恶之神，因为他发明了科学，迫使人类进入了一种单一的思维方式。

（威廉 · 布莱克，《永恒之神》，1794）

THE ORIGINS OF CREATIVITY

科学与人文的融合

我们愈加仔细地研究隐喻和原型的特质，就愈加深刻地体会到，科学和人文是可以合而为一的。在新近创造的学科边缘，我们也可以重振哲学，并开启一场全新的、持久的启蒙运动。

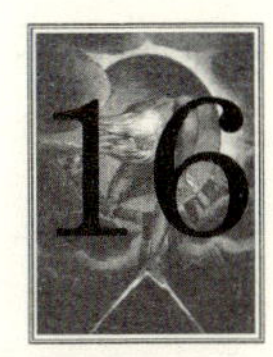

借助隐喻：施展语言的魔法

> 请看，清晨披着赤褐色的披风，正行走在山坡东面的露珠上。

何瑞修在《哈姆雷特》中对马塞勒斯只说了一句“看！破晓！”，就表达了所有内容。我们热爱诗歌，每当读到伟大而美好的诗歌时，就觉得如获至宝。许多诗歌以及散文都是通过隐喻的形式表达的。文学批评家理查兹（I. A. Richards）对隐喻给出了如下定义：“一种转变，将词汇从正常用法向全新用法的转换。”

我们从头看起。语言的发明被定义为通过带有特定意义的声音进行思想表达。语言是人类进化的最高成就，从其起源伊始便带有遗传特质，而表达方式则带有不同的文化特征。如果没有语言，人类则与其他动物无异。如果没有隐喻的表现手法，我们则仍然是一群野蛮人。

隐喻，就是发明新词汇和组合新词汇，以及为词汇赋予全新意义的工具。在语言的基础之上增加诗意内容，就升华出了情感元素。由情感推动的语言能创造出动力，而动力则能激发出文明。文明越先进，语言的隐喻就越精细、越复杂。就连物理学和工程学的专业词汇都充满了各式隐喻。

对两件事物的本质特征进行对比的语句也属于隐喻。请看叶芝讲述的生活在里斯黛尔大宅中的两姐妹：

> 脑海中的情景，
>
> 是青春年少，聊起来不停，
>
> 身穿丝缎和服的两个女子，
>
> 美若天仙，其中一人如羚羊般轻盈。

关于这个隐喻，评论家丹尼斯·多诺霍（Denis Donoghue）这样说道："女孩的天然特征与羚羊的特质融为一体，仿佛两者来自同一光源。这就是命名的由来：并不是对某个事物的局部属性进行观察，而是接纳其整体本质，并为其赋予最匹配的名称。"

隐喻也是幽默必不可少的元素。在此讲讲我最喜欢的两个隐喻：如果你要形容一个鲁莽专横又性格外向的人可以说他是“寻找瓷器店的公牛”；如果你要形容一个自恋的人，可以说他“在自己头脑里把自己描绘成了传奇”。

隐喻可以将人的想象力释放出来，无拘无束地去寻找栩栩如生的画面。隐喻使得我们能够跨越界限，传递出审美上的惊奇与幽默，屡屡给人以小小的震撼，并通过这样的方法，找到微妙而新颖的视角。隐喻使得语言及其所表现的思想能够得到无限扩展。这种扩展速度十分迅猛，大约每三个世纪就会翻倍。乔叟的时代，词汇量在 73 000 个左右。而到了莎士比亚的时代，词汇量达到了 208 000 个。据《牛津英语词典》所述，如今的词汇量已高达 469 000 个。若将技术和商业术语算进来，词汇量将以更快的速度在不远的将来再次翻倍。

词汇的起源可能是随心所欲的，但隐喻则不然。隐喻可归入人类固有的情感反应范畴。换句话说，隐喻在某种程度上受制于本能。举例来说，在动物隐喻中，狐狸象征着聪明、隐秘、自私；猪象征着肥胖、油腻、肮脏；狮子象征着力量、勇气、威严；蛇则象征着怨恨、诱惑、邪恶，在某些文化中又意味着强大与善行。在不同文化中，人们一贯喜爱使用大自然中的现象特征来作隐喻。举例来说，太阳代表启迪和指挥，冰和雪暗指寂静、退隐或死亡，而海洋则常常用来形容浩瀚、母亲、诞生或神秘。

隐喻的用意，并非是为了表达那些给人以灵感实体的真正本质，而是来自那些实体所具备的某些特征对人类独特的感官和情绪所发挥的作用。从这个角度来看，隐喻既有本能的属性，也有后天习得的成分。各式各样的隐喻被人们交织在一起，创造出了创意艺术的原型。在故事的叙述中，作家经常利用隐喻手法来创作出典型的情节和人物。这些隐喻可能并不精确，甚至选材陈腐，却是文学和戏剧中不可或缺的重要组成部分。

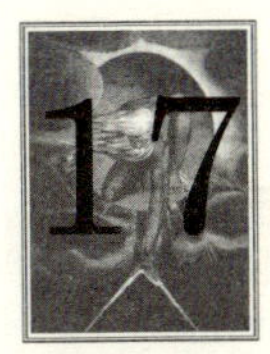

寻找原型：人类共同情感的基础

隐喻是语言的基石，而原型则是人类共同情感基础的一部分。原型通常由全人类熟知的故事和图像组成。在西方文化中，自从亚里士多德对索福克勒斯在《俄狄浦斯王》中塑造的悲剧英雄进行分析之时，原型便为人们所认识。原型的诞生并非文化进化的偶然现象，而是深厚历史之中的一部分，遵从着人类本能的遗传偏见，而遗传偏见则是在自然选择的过程中不断进化的产物。其中的一些终极因可追溯到数万年前人类走出非洲、走向全球可居住环境的时代。另一些原型则形成于数百万年前的动物祖先时代。

从基于遗传的本能中孕育而出的原型，包括现代人类对蛇、蜘蛛和其他远古险境的非理性恐惧，也包括人类对理想居住环境的描述，即与非洲大草原十分相似的紧邻水系的开放高地。上述两种倾向都存在确凿的遗传基础。换句话说，这些倾向都属于本能，与其他有机体寻找栖息地的本能冲动毫无二致。

我们很容易理解，文学和戏剧艺术中的叙事倾向于围绕着自然主题展开，电影中也同样存在这种倾向。电影是艺术，伟大的电影则是伟大的艺术。如果我们对这一观点表示认同，那么就会自然而然地提出一个问题：哪一部电影是最伟大的，而更重要的是，为什么这部电影是最伟大的？1999 年，人类学家兼电影专家理查德·麦克莱肯（Richard D. McCracken）对美国导演协会的成员进行了问卷调查，请他们列出截至当时最伟大的 10 部影片及历史性场景，并询问他们选择这些影片的理由。问卷给出了内容原创性、演员演技、主题音乐和摄影水平等几个指标，请导演们对他们欣赏影片的质量进行评估。在麦克莱肯的分析基础之上，加上我的一点点业余却发自内心的见解，我找出了几种关键的原型，也推测出了指引其遗传进化的自然选择力量。在分组和理解之中的任何错误，都由我个人承担。

英雄

一些伟大的电影之中的英雄原型通常都是男性，而近来英雄也越来越多地以女性形象出现。这些英雄或是孤军奋战，或是与他人结成联盟，与看似势不可当的敌人展开斗争。这种令人产生本能愉悦的场景，用理性推导，可以被理解为前人类和原始人类无穷无尽战争的本能产物。

《亚历山大·涅夫斯基》(*Alexander Nevsky*)。在冰封的涅瓦河上，一场史诗般的战争摧毁了条顿骑士团。

《异形》(*Alien*)与《异形 2》(*Aliens*)。由西格尼·韦弗(Sigourney Weaver)扮演的瑞普利是一位表达出终极女权主义思想的战士，而她击败了好莱坞有史以来创作出的最恐怖的外星人。

《黑岩喋血记》(*Bad Day at Black Rock*)。独臂的第二次世界大战退伍老兵对种族主义霸凌行为的英勇抗争。

《比利·杰克》(*Billy Jack*)。印度武术专家鞭笞了一群种族主义恶霸。

《卡萨布兰卡》(*Casablanca*)。在鲍嘉的咆哮与玩世不恭之中，我们看到了高尚的人格。

《陆上行舟》(*Fitzcarraldo*)。主人公在土著部落的帮助下，不畏艰难险阻，克服重重困难，将一艘大船从亚马孙地区的一条河流中拖出，穿山越岭又拖入另一条河。

《古庙战茄声》(*Gunga Din*)。在印度，一位英雄以不可思议的方式从老百姓中崛起，拯救了殖民统治者。

《亨利五世》(*Henry V*)。阿金库尔战役中，英格兰国王极其精彩、鼓舞人心的演讲，使得军队战胜了装备更加精良的法国军队。

《正午》(*High Noon*)。加里 · 库珀（Gary Cooper）饰演的角色与一帮亡命之徒展开对决。这部影片被公认为其所属类型中最优秀的一部，而我则更喜欢《西部往事》(*Once Upon A Time in the West*) 中亨利 · 方达（Henry Fonda）饰演的刺客和查尔斯 · 布朗森（Charles Bronson）饰演的复仇者。

《最后的莫西干人》(*The Last of the Mohicans*)。部落对部落，之后两个部落共同对抗第三个部落。鹰眼是其中高贵的野蛮人。

悲剧英雄

部落首领，拥有很高的地位和权力。然而由于一个致命的缺陷，首领或部落遭遇失败，被人摧毁。贯穿史前史和整个历史进程，强人拥有至高无上的地位，只是为了面对随之而来的衰落。

《叛舰凯恩号》(*The Caine Mutiny*)。一位海军上尉极其严格地遵守规章制度，甚至达到了精神失常的程度，最终遭到了船员的反抗。

《公民凯恩》(*Citizen Kane*)。以一位报业大亨孤独地在豪宅中死去为序幕，围绕他临死前说出的“玫瑰花蕾”一词，讲述了他不平凡的一生，表达了对过度的物质力量的强烈控诉。

《加里波利》(*Gallipoli*)。部落对部落（英国入侵土耳其），完美呈现了现代战争的徒劳无益。

《教父》三部曲（*Godfather I, II, III*）。电影史上最伟大的犯罪系列，呈现了从一个权力中心发展到更强大权力中心的部落主义历程，并由此发展出背叛、堕落和死亡等脉络。

《阿拉伯的劳伦斯》（*Lawrence of Arabia*）。一个享誉全球的英雄，眼睁睁地看着自己的梦想在自己所在的欧洲部落外交领导人手中化为泡影。

《日落大道》（*Sunset Boulevard*）。诺玛·戴斯蒙德（Norma Desmond）辉煌职业生涯结束时上演的闹剧、自傲与疯狂。

恶魔

前人类和人类祖先一直生活在对大型掠食动物的恐惧中，总是害怕会有猛兽跟踪自己并将自己吃掉。遍及人类所在的地理范围，毒蛇依然具有一招致命的威胁。

《鸟》（*The Birds*）。“大自然”利用一群可怕的鸟类复仇者，向人类发起反击。

《禁星》（*Forbidden Planet*）。科幻主题的早期经典作品。人类击退了具有思想的巨大恶魔。

《科学怪人》（*Frankenstein*）。“它是活的！”没有哪部恐怖电影比这一部更精彩了。

《天外魔花》(*Invasion of the Body Snatchers*)。外星人为了攻下地球，指使人类向人类发起进攻。

《大白鲨》(*Jaws*)。从开始到结束都非常恐怖的一部影片。活生生的动物在水里兴风作浪。

《金刚》(*King Kong*)。第一次看这部影片时我还是个孩子，怀着满心的敬畏与崇拜之情。电影一开始特别恐怖，结局却温柔得像只小猫。2005 年的翻拍版是电影特效的杰作。

《不死僵尸》(*Nosferatu*)。一个世纪以来一直非常流行的吸血鬼主题影片的第一部作品。

《惊魂记》(*Psycho*)。托尼·珀金斯（Tony Perkins）诠释了精神错乱所能导致的几乎每一种家庭成员之间的恐怖事件，包括谋杀、乱伦和恋尸癖。

《沉默的羔羊》(*Silence of the Lambs*)。一个令人毛骨悚然的关于变态杀手的故事。

追寻

前人类和人类祖先以狩猎采集为生，在觅食范围内被迫不停地寻找猎物和可食用植物资源。对于部落来说，发现丰富的新水源、动物群或植物类食物，是能救命的事，也是许多故事与传说的源泉。

《2001：太空漫游》（*2001: A Space Odyssey*）。在寻找外星文明的旅程中，出现了关于人类起源和进化的一个又一个谜团。

《火之战车》（*Chariots of Fire*）。宗教、荣誉和勇气，在争夺奥运金牌时得到了充分展现。

《圣战奇兵》（*Indiana Jones and the Last Crusade*）。人们终于找到了圣杯，却引发了灾难性的后果，导致圣杯二次消失。

《夺宝奇兵》（*Raiders of the Lost Ark*）。“约柜”复原了，但也由此引发了灾难性后果，并在此后再次消失。

《碧血金沙》（*Treasure of the Sierra Madre*）。为了致富而深入险境，虽获得成功，最终却以谋杀告终。

友谊

两个男人之间或两个女人之间，以及男女之间也有超越性爱的情谊。他们在敌对力量的攻击下，肩并肩为追求自由而战。这是一类关于权力的寓言，横贯古今，讲述着英雄利他主义与合作精神的美谈。

《非洲女王》（*The African Queen*）。由鲍嘉和赫本饰演的两位性格迥异的朋友，在第一次世界大战期间的非洲殖民地发展出了深厚的情谊，一路上还遭遇了德国人的阻挠。

《虎豹小霸王》（*Butch Cassidy and the Sundance Kid*）。犯罪

之路上结成的伙伴关系十分牢固，一直持续到了血腥的结局。

《猎鹿人》(*The Deer Hunter*)。俄罗斯轮盘赌的一幕，是影片对勇气和牺牲精神的终极表达，极大地唤醒了观者内心的同感，令人久久难以忘怀。

《致命武器》(*Lethal Weapon*)。性格迥异的朋友齐心协力将恶棍绳之以法。

《双虎屠龙》(*The Man Who Shot Liberty Valance*)。情敌之间结成联盟，共同击败了持枪暴徒。

《末路狂花》(*Thelma and Louise*)。生活不如意的家庭主妇塞尔玛和同样孤独的女友路易斯去旅行散心，却意外杀人逃亡的故事。

其他世界

前人类和人类部落一直在通过探索与征服的方式，不断寻找新领地。自从人类在 6 万年前走出非洲以来，就逐渐扩散到了对人类物种而言全新的土地上。若在边界相遇，要么发动战争，要么结成联盟。

《异形 2》。人们对新发现行星的大气层进行探索，在那里与一种非常强大的奇怪寄生生物相遇。这部影片与《异形》和《怪形》(*The Thing*) 并列为史上最优秀的三部科幻恐怖片。

《外星人 E. T.》(*E. T. The Extra-Terrestrial*)。这部电影告诉

了我们友善的外星人（也包括友善的人类部落）是什么样的。

《第三类接触》（*Close Encounters of the Third Kind*）。关于构想之中的友善外星人的第二部杰作。

《国王迷》（*The Man Who Would Be King*）。肖恩·康纳利（Sean Connery）扮演的角色翻山越岭、不畏艰险，获得了权力和财富，却以背叛和死亡告终。

《夺宝奇兵》。"约柜"被无知的纳粹打开，释放出了超自然信仰世界的恐怖力量。

另一种世界原型的吸引力，通过科幻文学和电影的手法，得以登峰造极。这些艺术作品在故事情节的生动性和科学细节的精准性上，都越来越令人难以抗拒。

科幻电影的成熟度也许已经超越了其他类型的影片。我较为欣赏的早期影片之一《星战毁灭计划》（*The Angry Red Planet*）就是一个证明。一艘宇宙飞船在火星表面着陆，宇航员都是可爱的邻家大哥类型的美国人，他们都非常兴奋地期盼着第一次近距离观察另一颗行星的表面。他们透过舷窗望向一团红色的雾霭，其中一人问道："有生命迹象吗？"另一人答道："没有，只有一堆植物。"观众们的兴趣由此而生，都在想着这些植物会不会将宇航员吃掉，后来果真如此。

科幻作品逐渐发展成了在技术上具备可能性（至少是可构

思性）的冒险故事，其中许多故事都有关于地球末日大灾难、外星殖民、科学家英雄拯救世界的情节。这一类型的影片包括《星际穿越》、《火星救援》和《欧罗巴报告》（*Europa Report*）等。《星际穿越》中，一些先锋人物离开垂死的地球，穿越虫洞，来到一个适合居住的星球。《火星救援》则讲述了被困的宇航员凭借自身的聪明才智和坚毅品格在火星上艰难求生，等待救援人员到来的故事。《欧罗巴报告》是我个人喜欢的电影类型之中的代表作，讲述了人们对外星水生生物的搜寻，并成功地在木星卫星的冰冷海洋中找到了目标。

尼尔·斯蒂芬森（Neil Stephenson）于2015年出版了一部科幻文学作品，题为《七夏娃》（*Seveneves*）。这部作品因其技术上的逼真而得到了科学界的赞誉。故事描述了月球爆炸，碎片缓慢飞向地球的场景，而人们在地球上建造了避难所，以拯救人类物种。如果这样的事情真的发生，我们可以轻松地按书中所讲将计划变为现实。

总体来说，技术知识和创造天赋的结合，可以为科学和创意艺术的大融合提供取之不尽、用之不竭的素材。

从古希腊时代以来，戏剧及其批判性分析的发展历史，很大程度上是语言和文化在遗传的以情绪为基础的旧世界灵长动物储备之上的叠加。我在此想要表达的意思是，动物本能对语言和文化发挥了作用，而语言和文化又通过戏剧的形式得以表达。这些内容以特定主题为线索聚为一体，从而唤起原型。在现代社会，电影的发展历程便是这一现象的鲜明体现。这一假设通过人体解剖学和生理学中存在的祖先动物特征迹象变得显而易见。既然如此，那么为什么不顺理成章地将人类创造力这个特质包含在内呢？这个问题也可以换成两个开放式问题来说。我在本书之前的章节中一直在试图给出答案，也力图通过科学与人文共同参与的研究来进一步探索问题的本质。人性是什么？人性为何存在？

探索荒岛：发掘相融的创造力

请允许我用两个故事来描述科学与人文相融而成的创造力。第一个故事，主要关于南极大陆附近极为偏远、与世隔绝的岛屿。第二个故事则是一个悖论。

“skerry”和“seastack”这两个英文单词在日常英语交流中很少遇到。skerry 源于挪威语，意为布满岩石的小岛。seastack 意指海蚀柱，也就是岸边受海浪侵蚀、崩坍而形成的与岸分离的岩柱。在我眼中，这两个词带有近乎神奇的吸引力，将我那颗向往漂泊的心吸引到了某个被人遗忘的神秘所在。而那里就是我在大洋彼岸的避风港。这样一个地方自成一个世界，又日复一日地被海水冲刷着，永远在旧貌换新颜。就算这样的岛屿面积太小，不足以支持人类在上面生活，我也一门心思想要到那里去。

18 探索荒岛：发掘相融的创造力

好吧，我承认，自己无可救药地爱上了岛屿。我的思绪总是时不时飞回到智利沿岸温带太平洋地区的那个名叫萨拉戈麦斯的岩石小岛。萨拉戈麦斯岛孤独地存在于一片汪洋之中。面积约 15 公顷，最大长度 770 米，是全世界最小的海岛之一。它最初是一座海底山，是成千上万个从海底上升到地表下不同高度的火山山峰之一。太平洋东南部地区上升到海面之上并形成孤立岩石小岛的火山峰非常罕见，萨拉戈麦斯就是这样一个地方。这个面积很小的岛屿也是世界上最偏僻的地方，其最近的邻居是 200 公里以外的复活节岛，那里是世界上有人居住的最与世隔绝的岛屿。

作为一名对地理特别感兴趣的生物学家，我非常想知道在这样一个几乎与外星球无异的地方，会有什么样的动物和植物生存下来。后来我发现，这个问题的答案已经由屈指可数的几位曾经到过萨拉戈麦斯岛的人找到了。这座岛屿上有 4 种陆生植物，其中包括铁角蕨属的一个物种。这个物种存在于圣赫勒拿岛和阿森松岛等与世隔绝的太平洋岛屿上。萨拉戈麦斯岛上还生活着以植物枝叶为食的极少的几种昆虫（我没能找到它们的名字），总共有 12 种海鸟在此繁殖并哺育后代。此处没有比昆虫个头更大的陆生动物。

如果我们将十几种经停此处的海鸟剔除在外，将尚未计入其中的昆虫和微小的线虫和轮虫算入其中，那么这个小小的失落世界中的陆生植物和动物物种数量，很可能不到 100 种。相比之下，同等面积的热带雨林中有着数百甚至数千倍的动植物物种。鉴于这处岛屿至少已经存在了几百年，复活节岛居民在他们仍然使用双体船进行海洋旅行的时候就去过那里，那为什么没有更多种类的动植物在萨拉戈麦斯岛安家？为什么那里会如此死气沉沉？

生物学家能给出的解释是，在那里能实现平衡的动植物群落很小。由于萨拉戈麦斯岛距离其他陆地非常遥远，因此只有很少的几个物种能在很长的时间间隔中，穿越大洋来到此处，而岛屿面积小提高了物种消失的速度。当移植速率等同于灭绝速率时，任何给定时间的物种数量都会保持在很低的水平。由此，萨拉戈麦斯岛又有了另一个与众不同的特征：除极地之外，世界上动植物种群规模最小的岛屿。

萨拉戈麦斯岛不能支持人类在此生活。如果这个岛屿从未被人看到，那么它会是真的吗？这个问题并不像乍看上去那样荒谬。这只是“倒下去的树悖论”的另一个版本而已。如果没有人听到，那么森林中的树倒下会发出声音吗？常识告诉我们，答案是显而易见的。树的倒下一定会引起一波空气的压缩。

但是，对人类物种而言，“声音”这个词的意思是指人类听到的空气中的特定变化。物理学家和生物学家可以共同合作，对树干上的第一道裂缝，对树冠位置变化，对枝干的折断与碰撞，以及最后的轰然倒下进行细致入微的预测和模拟。但无论是科学家还是其他人，都听不到这棵树真正倒下所发出的声音。若想听到，就必须有人或录音设备在场，否则这一事件就没有意义。尼采也表达过同样的意思。他曾提及查拉斯图拉（Zarathustra）对太阳发出的感叹："你这壮丽的明星！如果没有那些你所照耀的人，那么你的幸福是什么？"

华莱士·史蒂文斯在他1943年创作的诗歌《梦游》（*Somnambulisma*）中，利用看不见的海洋和听不到的海浪，对这一悖论进行了更加充分的阐释：

古老的海岸，翻滚着粗野的海浪
无声，无声，像病鸟一样
想着归巢，却找不到方向

翅膀不断张开，却永远不是翅膀
爪子不断抓着页岩，页岩却浅薄如霜
终究随海浪消失在远方

世代的鸟儿，无一例外
都随海浪而去
一只又一只，一只又一只，随海浪冲蚀而去

若没有这只永不归巢的鸟儿

若没有鸟儿宇宙中的世代相传
海洋依然一浪一浪地打在空寂的沙滩上

而海洋，将一切笼罩上死亡的气场
并非它们去往的地方
而是它们生存却又不曾存在过的方向

没有哪个人与世隔绝
所有精美的鳍、笨拙的喙、内在的心
令无所不觉的人，认为都是他的

文学评论家海伦·文德勒对核心问题进行了扩展：“如果飘浮于我们之上的所有关于人类发明的艺术与音乐、宗教、哲学和历史符号标志，其实并不存在，而随之发生的由学术活动传承下来的对这些内容的理解与解释也并不存在，那么我们究竟是什么样的人？”

这个问题及其答案，都不是修辞手法。如果是这样，那么文学就不存在，抽象或符号化语言也几乎不可能出现，国家政府也不会出现。技术是旧石器时代水平，艺术仍然是粗糙的塑像和用树枝在岩壁上画出的形象，毫无意义可解。科学与技术，就是将矛头削尖，用石斧敲击，最多也就是将蜗牛壳串成项链。

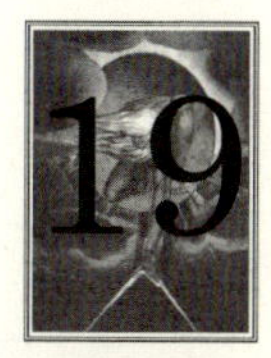

19 运用讽刺：赢得思想的胜利

以人文型科学与科学型人文的融合为主题的艺术作品中，最典型的例子是百老汇歌剧《小夜曲》（*A Little Night Music*）之中，斯蒂芬·桑德海姆（Stephen Sondheim）创作的代表作品《小丑进场》（*Send in the Clowns*）。《小丑进场》创作于 1973 年，其灵感来源于女演员格莱妮斯·约翰斯（Glynis Johns），已由多位著名艺术家演绎过。朱迪·柯林斯（Judy Collins）的版本被授予 1976 年格莱美年度歌曲奖。

歌剧中的主角是黛西蕾，她是一位美貌而成功的演员。她多年前曾有过一段风流韵事，与一位名叫弗雷德里克的律师生下了一个孩子。而这位颇具魅力的律师并不知道自己已经做了父亲，向黛西蕾求婚。黛西蕾将自己嫁给了事业，拒绝了他。当帷幕拉开之时，弗雷德里克正被困于一段尚未圆房的失败婚姻之中，而对方是同样美丽却比黛西蕾年轻许多的女人。这一次，弗雷德里克主动提出了拒绝。恼怒的黛西蕾用一首极富讽刺意味的小歌予以回应。

太有意思了吧？我们是一对吗？

我终于回到地面，你却悬在半空上。

小丑进场。

我们认为黛西蕾一定感到十分挫败和失望，而且内心燃烧着旺盛的怒火。舞台上下的许多表演艺术家，用千奇百怪的方式表达着黛西蕾的情绪。评论家对这一段演出的看法，几乎无一例外地予以赞赏，却对小丑的表演部分表示了些许困惑。桑德海姆认为，这首歌曲意在表达遗憾与愤怒，而从这个角度去理解似乎更说得通。小丑进场是一种戏剧性的表达手法，意思是说，如果事情进展不顺利，“就让我们来开玩笑吧”。

遗憾与愤怒是完全可以理解的。在这样的情况下，谁不会觉得遗憾和愤怒呢，而且又是像黛西蕾这样众星捧月的女演员？但是，我在这段华尔兹节奏的禁欲主义歌词中，感受到了更多的分量。当我们只读文字时，会发现这是关于讽刺的经典案例。其中所表达的情绪，追溯到文字的起源，是希腊语中的“eirōneia”一词，可宽泛地理解为“假装”。它逐渐演化成一种情绪特质，本质上是一种人类独有的修辞手法。

19 运用讽刺：赢得思想的胜利

在语言和文学中，讽刺手法将一个过程或一个实体的属性描述成与其截然相反的样貌。具体的例子包括皇帝的新装，雷鸣般的沉默，最大的小城，盘踞着的响尾蛇的平静与安宁，步兵格斗的“碰触”。在天体物理学这个充满威严气概的学术领域，讽刺手法原本毫无立足之地，而我们却能在无尽的平行宇宙中，看到共存的无尽宇宙。讽刺创造出了全新的意义，它令现实人生的残忍变得诙谐，并对其进行强调和软化。

《小丑进场》各个版本的录音中，能够表达出我想要听到的这种特质的艺术家屈指可数。艺术家们在不同程度上将情感转化为他们所理解的讽刺背后的内容，并没有强迫自己走出习惯的个人风格。朱迪·柯林斯的嗓音温暖、甜美，富有爱意。在所有歌唱家中，她塑造了最让人后悔弃之而去的一位伴侣形象。芭芭拉·史翠珊（Barbra Streisand）展现出了自己最强有力的音乐风格，她的嗓音和情绪抑扬顿挫，极具戏剧色彩。格雷尼斯·约翰斯（Glunis Johns）的歌喉充满怀疑与愤怒，而朱迪·丹奇（Judy Dench）则充满了悲哀。卡罗尔·博内特（Carol Burnett）表达出了典型的失望与冷淡。凯瑟琳·泽塔琼斯（Catherine Zeta-Jones）则利用面部表情和音调上的变化来装点自己的表演。莎拉·沃恩（Sarah Vaughan）为这段乐曲注入了情歌的情调和一丝爵士乐的色彩。法兰克·辛纳屈（Frank Sinatra）则犯了性别上的错误。

只有格伦·克洛斯（Clenn Close）一人找对了路子，从一而终，毫无差池。从我个人的角度看，她的表演是完美无暇的。她站在麦克风前的举止，冷静而直立的姿态，带有讽刺意味的微笑，无不说明她是一位临近中年、知书达理又极富智慧的女性。她失望、愤怒，甚至有些听天由命、自暴自弃，但仍然怀有一点点希望，觉得事情有可能朝向有利于自己的一面发展。整场演出中最重要的一部分，就存在于微妙的举手投足间。“小丑”这个词的口齿发音，既谨慎又略带强调，每个音节都吐露清晰。黛西蕾这个人物极富悲剧色彩，但克洛斯的表演充满文明风范，为其悲剧性增添了一股力量。

你不喜欢闹剧?
恐怕是我搞错了。
本以为你会想要我想要的，
对不起，亲爱的。
可小丑在哪里？小丑进场。
不必麻烦，他们来了。

愤怒、嫉妒和报复都是动物性的情绪。数千万年前，这些情绪就已经是我们祖先下丘脑和其他情绪控制中心所具备的本能反应。讽刺则与此不同。讽刺只属于人类，是大脑活动的产物，它平静而温和，是在语言创造的社会环境中，由文化进化塑造而成的。为了对动物性情绪进行解释，我们必须以生物学为主导，人文为辅。而如果想对讽刺进行解释，科学与人文的位置则要颠倒过来。

重振哲学：迎接第三次启蒙

人文与科学并不能旗帜鲜明地分割为两派，这一点与人们普遍持有的看法有所不同。现实世界和人类思维中，没有什么本质上的鸿沟能使二者割裂开来。人文与科学是彼此渗透的。无论科学方法所应对的现象看起来与寻常经验有着多大距离，无论科学视野有多么广阔或多么微观，所有的科学知识都必须通过人类的思想进行处理。发现行为本身，是完全由人进行讲述的故事。这个故事讲述的是人类的成就。科学知识是人类大脑所特有的，也是彻头彻尾的人文产物。

由此可见，科学与人文之间的关系是完全对等的。无论人类的思想多么微妙、短暂和个性化，所有的思想都拥有一个实体基础，而这个实体基础可以得到科学方法的终极解释。如果人文能以科学为基石，那么人文就将拥有更加深远的影响。科学观察旨在应对真实世界中所有存在的现象，科学实验旨在应对所有可能存在的真实世界，而科学理论则针对的是所有可以构想出来的真实世界。人文将上述三个层面囊括为一体，并在此基础上增加了一个新的内容：无穷无尽的幻想世界。

从 17 世纪到 18 世纪后期的欧洲启蒙运动将知识分为三大分支：自然科学、社会科学和人文学科。如今，社会科学在很大程度上已经像变形虫一样一分为二。一部分与自然科学相融合，另一部分在语言和风格上与人文学科联系得更为紧密。第一类社会科学做出的贡献，可以参考《自然》《科学》《美国国家科学院院刊》等顶级期刊的内容。第二类忠于人文的社会科学成果，可以在《纽约客》《纽约书评》《公共利益》《代达罗斯》《美国艺术与科学院杂志》等杂志中找到。

科学与人文也许依然处于分立的状态，但二者正在通过许多途径建立起越来越紧密的联系。科学与人文之间的关系形成了一个连续统一体。在科学一端的顶点，专业期刊中典型研究报告的写作风格，在内容上完全遵照事实，充斥着大量的观察和分析，给出的结论过分谨慎，阅读起来枯燥无味。倘若想要在文中加一点推测，则必须以受制于新观察和新实验的假设形式提出。在专业人士看来，隐喻的写作手法与跑到军火库中点燃火柴的行径没什么两样，必须少而又少，慎之又慎。

在科学与人文连续统一体的另一端，就是创意艺术中最具创造力的作品。在这里，各类隐喻百花齐放。无论是文学、音乐还是视觉艺术，艺术家的创作目标，就是要利用审美惊奇来制造情绪起伏，而作品水平的高下，则要凭借其新颖程度和精湛程度来衡量。行家里手们总是事无巨细地去讨论某个具体的科学发现，而不会谈到科学家本人。反之，创意艺术评论家总是洋洋洒洒地大谈艺术家本身，而不会将重头戏放在艺术作品上。

随着时间的推移，科学与人文思想不断相融，相互渗透。曾经于 1954 年被斯诺称为“两种文化”的科学与人文之间一度无法逾越的鸿沟，如今已经天堑变通途。两者之间的相通，并非一道狭窄的桥梁，而是广袤的边界上不断涌现出来的新学科。

科学与人文越走越近，二者之间的协同作用也在不断加速。人文学科一直被视为是对“人类意义”进行解释的学科集合。但是这种观点并不正确。人文学科对人类境况的很大一部分进行了描述，却无法对其意义进行解释。为了达到这个目标，还需要更多源自科学研究的信息，而不能仅限于人文学者惯用的内容。

拥有重要地位的著名诗人和其他类型的创意艺术家，以及对其作品进行分析的优秀评论家，都有一个显著特征，那就是对他们作品中所赞颂的生物学的无知。每当他们直面人体结构中的器官和分子层面的构造，每当他们发现人类感官能力的真实范围，每当他们得知人类那惊涛骇浪般动荡曲折的进化史时，就会感到无比惊诧。每当他们了解到给予我们生命，与我们一呼一吸都密不可分的生物界的真实样貌，就会非常讶异。但一般来看，他们总是信心满满地无视其中的细节。他们很满足于将交流的范围划在固定的圈子之内。

举个例子，从大众非常喜爱的各类小说作品中，我们真正学到的是什么东西？艾略特（T. S. Eliot）对此的评价，让人很难反驳：“通过小说作品获得人生领悟，只有靠另一阶段的自我意识才能实现。也就是说，故事中的领悟只能是其他人的人生领悟，而非人生本身的领悟。”

人性中一个显著的情感特征就是密切观察同伴的动向，了解他们的故事，并由此来评判他人的性格和可靠性。自从更新世以来便是如此。第一批可被分类为“人属”的族群及其后代，是以狩猎采集为生的古人类。就像如今生活在卡拉哈里沙漠中的居霍安西人一样，这些古人类依赖于复杂的合作行为艰难求生。而这些活动，需要对每一位同伴的个人历史与成就有充分了解，也需要对他人的感受和倾向报以同理心。聆听同伴讲述的故事，并与他人分享自己因故事而涌动的情绪，能给我们带来深刻的满足感，如果你愿意，也可以将这种感觉称之为人的本能。所有这些经历都能为人类的生存与繁衍带来好处。流言与故事，是典型的达尔文主义的现象。

大众对人文的信心和支持不断下降，其中一个主要原因就是在当代和近代史历程中，人文过度狭隘地关注人类境况。从人文的正式定义来看，这种现象给人的第一感觉似乎是可以接受的，但事实上是将人文意识几乎完全限定在了一个极其渺小的圈子之内，而关于造就出人类物种，并让我们持续存在的这个广袤无垠的物理和生物世界，却无人顾及。这种狭隘认识论所产生的另一个影响是让人文成为飘在半空中无所寄托、没有扎根的思想。虽然人文艺术和分析能巧妙地捕捉历史细节，却在很大程度上没有意识到或是不关心史前史的进化事件，而人类思想正是在这些进化历程中被创造出来的，人文所关注的历史，也正是由人类思想创造出来的。此外，创意艺术及其评论分析，对环境中和每个人身上无时无刻不在发生着的非人类物理和生物学过程既不了解，也不提及。我们无视环境及环境之中存在的各种力量，而正是这些环境和力量指引着我们去面对自身行为所铸就的命运。

科学家同样没有准备好与创意艺术家和人文学者进行协作。绝大多数科学家都是行走在路上的人，将毕生事业都奉献给了某个具体的特定知识和探究领域。无论是细胞膜、巨型蜘蛛还是其他某个狭窄课题，他们都可以就自身专长的领域给你讲得通透，但说到其他事情上,则无法提供富有深度的见解。其原因就在于，若想成为一名真正的科学家，就要取得一个可被证实的科学发现，无论你本身是天赋异禀的记者、非虚构类作家或科学史学家都无济于事。对科学界人士的决定性考验，就是看他是否能说完这样一句话：“我发现了……”该发现的重要性，要由身处同一个或邻近科学领域中的同僚来进行评判。真正的科学家会非常在意同侪的接纳与尊重，而公众的认可则是次要的。他们非常重视入选国家科学院的殊荣，而对畅销书作家的头衔和奖状却没那么在意。

真正的科学必须具备严格的定义。而这正是绝大多数科学家满足于行走在路上的原因。若想进行原创的科学研究，需要经过一个学徒期。学徒在开始阶段要对各个学科进行学习，掌握各种技能，在大多数情况下，最后还要独自或与一个科学家团队协作展开博士后研究。学徒要根据自己的兴趣和机会，选择特定的研究领域。在与人文所关注的生命和思想最为贴近的生物学领域，年轻的科学家要培养出一系列的知识和经验，而这些素质则被人恰当地称为“对有机体的感觉”。

由于科学知识呈现出指数级增长的发展趋势，根据学科不同，每过 10 ~ 20 年科学知识便会翻一番，因此，学科内部的专业数量不断增多，而与此同时，专业的覆盖范围却在不断缩小。记得 20 世纪 50 年代早期，当时的我还是一名研究生。那个时候，一篇生物学原创研究报告会有 1 ~ 3 名作者。由詹姆斯 · 沃森[①]（James D. Watson）和弗朗西斯 · 克里克（Francis Crick）共同创作的具有历史意义的 1953 年发表在《自然》杂志上的文章，是

① 20 世纪分子生物学的带头人之一，被誉为“DNA 之父”，其讲述 DNA 双螺旋结构发现历程的著作《双螺旋》（插图注释本）已由湛庐文化策划、浙江人民出版社出版。——编者注

第一篇对 DNA 双螺旋结构进行描述的文献。这篇文章是属于那个年代的典型作品，科学家要么独立工作，要么结成小团队，机会摆在所有人面前。而如今常见的情况则是规模比以往大得多的团队，一篇文章上有几十个作者署名的现象并不罕见。在某些学科，例如对某个重要物种的完整 DNA 进行描述的文章，作者署名的数量可能会超过 100 个。

20 世纪 50 年代和 60 年代是现代生物学的英雄时代，总有少数几位为人所传颂的先锋人物克服极大挑战，取得举世瞩目的成就。他们所激发的群情振奋，从流行文化中便可见一斑。1953 年原版电影《世界大战》（*War of the Worlds*）中，被包裹在巨大陨石中的外星飞船对地球发动袭击，目标就在南加州。当一群当地人站在陨石坑的边缘，不知道发生了什么的时候，安·鲁宾逊（Ann Robinson）饰演的一位年轻教师，带有 20 世纪 50 年代所特有的那种令人无法抗拒的女性甜美气质，对吉恩·巴里（Gene Barry）所饰演的访客说道："那儿有一位来自太平洋科技大学的科学家，他会告诉我们究竟发生了什么。"如果同样的场景发生在今天，那么这段话就会是："加州理工学院的团队马上就到，他们会想办法弄清楚到底发生了什么。"

与人文学科的情形一样，必要的专业细分化已经让生物学家和其他科学家进入到越来越小的研究领域。许多学科的先进科技和技术语言，在其他学科的专家看来，至多只能理解其中一部分，即使两个学科密切相关也是如此。

未来会不会出现知识分子的英雄年代？我敢肯定，一定会，而且很可能出现在将科学发现和人文创新与思考融为一体的全新边界学科之中。这样一个英雄年代会显现出多重维度。在我们的感官范围之外存在着无限的创意艺术潜质。问题在于，我们应如何将之前无法令人感知到的东西，转移至人类意识范围内那个有限的视听世界？同时，进步也将来自人们对人类意识生物学起源日渐清晰的认识，这种认识将使得史前史与历史连为一体。最后，进步还会来源于人们对将文化塑造成型的进化大熔炉的深入理解。文化的塑造过程总是缓慢而痛苦的，而动物本能在其中发挥了巨大作用。

人类自我理解的哲人之石，是生物进化与文化进化之间的关系。人类为什么会有如此的身体构造，为什么会产生如此的行为方式？直到如今，也就是雅典阿古拉时代的 2 500 年之后，我们才开始去了解，为什么有些社会行为是天生本能，有些是通过先天遗传的学习能力获得的，而另一些则是文化发明的产物。从深刻的理解角度来看，整个过程不过是人类长期进化的一个阶段，不能将眼光局限于当代人类的境况。

与此同时，我们需要认识到，也需要以更坦白的态度去探讨的一个哲学话题是，一直被刻意视而不见的宗教组织。更确切地说，由科学与宗教的融合体所带来的对人类境况的理解，受到了超自然创世故事的干扰和限制，而每一个部落都有自己独特的创世故事。对神学宗教中崇高的精神价值进行接纳和分享，相信神的存在和来世的存在，是一回事；而接纳某一特定的超自然创世故事，则是完全不同的另一回事。对创世故事的信仰，能给人以成为某部落成员的安全感。但我需要在此强调，并非所有的创世故事都是真实的，不可能有两个完全不同的创世故事同时都是真实的。可以肯定的是，所有的创世故事都是虚构的。每一个故事都只能靠盲目的部落信仰来支撑。

宗教研究是人文的重要组成部分。我们应将宗教作为人性的一种元素进行研究，也应对基督教圣经学院和印度教学校所酝酿而生的进化进行研究，但不应从其特定创世故事所定义的信仰角度出发。

与此同时，因为人类在全球数字化世界中依然被动物情绪所控制，因为我们为自己是谁、想要成为什么样子这两个问题矛盾纠结，因为我们被信息所淹没的同时又缺乏智慧的滋养，所以我们应该将哲学重新抬升到备受尊敬的高度。而这一次，哲学将作为人文化科学和科学化人文的核心。

这样的重建工作何时才能得以实现？我们需要记住，在西方文明中，哲学在历史上的两次创意大爆发时期都经历过辉煌。每一次创意大爆发的持续时间都在 150 年左右。安东尼·戈特利布（Anthony Gottlieb）在介绍现代哲学发展史的《启蒙之梦》（*The Dream of Enlightenment*）一书中对其本质进行了简明扼要的描述：

> 第一个哲学的辉煌年代，是苏格拉底、柏拉图和亚里士多德生活的雅典时代，从公元前 5 世纪中期一直延续到公元前 4 世纪后期。第二个哲学的辉煌年代发生在北欧，出现在欧洲宗教战争和伽利略科学的兴起之时，从 17 世纪 30 年代一直延续到法国大革命前夕的 18 世纪末。在这段时期，笛卡尔、霍布斯、斯宾诺莎、洛克、莱布尼茨、休谟、卢梭和伏尔泰这些著名的现代哲学家，都在历史上留下了宝贵的思想。

为启蒙运动打下基础的哲学的第二次繁荣，于 19 世纪早期销声匿迹。当时，科学没有达到自身的宏伟预期，而人文本身又无法承接额外的负担。如今，21 世纪哲学领域存在的一种普遍现象是对权威的极大尊重。针对当前问题发表的评论，大多来自人文和经济学领域的学者。当今哲学的真正局限性不在于著者逻辑的冲突，而在于因对科学的忽视而产生的无条理性。这一点让人感觉颇为奇怪，因为我们所处的时代可以被名正言顺地称为“科学年代”，而科学的定位是要与人文相融合的，从而重燃启蒙运动的精神。我认为，两者在共同探究的基础之上可以最终解决哲学上的重大问题。现在是时候再次坦率而信心十足地提出历史上的那些重大问题了。

在基础层面，我们需要对人类存在的意义进行更加深刻的探索，去思考我们为什么会存在，为什么不是从未出现过，为什么之前地球上从未存在过与人类哪怕有一点相似的物种。我们要去寻找的“圣杯”是意识的本质，我们要去探索意识如何起源。而生命作为一个整体的起源与扩散，也是同样重要的研究课题。

从一个更窄的角度来看，我们应如何解释两种性别的存在。如今社会普遍接纳的性取向范围是什么？性最开始的时候为何会出现？如果我们可以单性繁殖，或仅仅是从身体上长出个后代来，那么生命就会变得简单许多。这些问题不是聚会上或茶余饭后的无聊谈资，也不是智力游戏，更不是锻炼逻辑思维的练习题，而是在历史长河中生死攸关的关键问题。

关于死亡，我们必须慎重思考，不仅要去思考我们如何在年老时死去，而且要去思考我们为什么必须在年老时死去，为什么我们被基因程序设置了成长与衰老的精确时间表。在人工智能时代，我们应该如何以正确的方式去定义人类。我们能否从市场上购买到化学原料，并利用这些原料构建起一个人，至少是构建起一个拥有指定基因组的受精卵呢？如果我们做不到这件事（对此我深表怀疑），那么就要针对拥有情感和创造力的类人机器人进行严肃讨论。

我认为科学家和人文学者之间的合作可以造就全新的哲学，引领人类去不断发现。这种哲学融合了两大学术派别中最优秀、最实用的内容。这些人士的努力，将酝酿出第三次启蒙运动。与前两次启蒙运动不同，这一次很可能一直持续下去。如果真是这样，那么这次运动将令我们人类物种与第欧根尼铭刻下的对理性的祷文更近一步。如今，这些文字依然以数千年前的原貌，保存在古希腊里西亚地区的奥诺维达柱廊之中：

> 尤其是那些被称作外国人的人，因为他们并非外国人。虽然地球上不同的地域为不同的人提供了不同的国家，但世界的罗盘为所有人提供了同一个国家——整个地球，也为所有人提供了唯一的家园——全世界。

参考文献

1 创造是什么

Bly, Adam, ed. *Science is Culture: Conversations at the New Intersection of Science + Society*. New York: Harper Perennial, 2010.

Boorstin, Daniel J. *The Discoverers*. New York: Random House, 1983.

Carroll, Joseph, Dan P. McAdams, and Edward O. Wilson, eds. *Darwin's Bridge: Uniting the Humanities and Sciences*. New York: Oxford University Press, 2016.

Greenblatt, Stephen. *The Swerve: How the World Became Modern*. New York: W. W. Norton, 2011.

Jones, Owen D., and Timothy H. Goldsmith. "Law and behavioral biology." *Columbia Law Review* 105, no. 2 (2005): 405–502.

Koestler, Arthur. *The Act of Creation*. London: Hutchinson and Co., 1964.

Pinker, Steven. *The Language Instinct: The New Science of Language and Mind*. New York: William Morrow, 1994.

Poldrack, Russell A., and Martha J. Farah. "Progress and challenges in probing the human brain." *Nature* 526, no. 7573 (2015): 371–379.

Ryan, Alan. *On Politics: A History of Political Thought, Book One: from Herodotus to Machiavelli; Book Two: from Hobbes to the Present*. New York: W. W. Norton, 2012.

Sachs, Jeffrey D. *The Price of Civilization: Reawakening American Virtue and Prosperity*. New York: Random House, 2011.

Watson, Peter. *Convergence: The Idea at the Heart of Science*. New York: Simon & Schuster, 2016.

Wilson, Timothy D., et al. "Just think: The challenges of the disengaged mind." *Science* 345, no. 6192 (2014): 75–77.

2 篝火，开启创造的契机

Altmann, Jeanne, and Philip Muruthi. "Differences in daily life between semiprovisioned and wild-feeding baboons." *American Journal of Primatology* 15, no. 3 (1988): 213–221.

Ball, Philip. *The Music Instinct: How Music Works and Why We Can't Do Without It*. New York: Oxford University Press, 2010.

Biesele, Megan, and Robert K. Hitchcock. *The Ju/'hoan San of Nyae Nyae and Namibian Independence: Development, Democracy, and Indigenous Voices in Southern Africa*. New York: Berghahn Books, 2011.

Cesare, Giuseppe Di, et al. "Expressing our internal states and understanding those of others." *Proceedings of the National Academy of Sciences USA* 112, no. 33 (2015): 10331–10335.

de Waal, Frans. *Chimpanzee Politics: Power and Sex Among Apes*. New York: Harper & Row, 1982.

de Waal, Frans. *The Age of Empathy: Nature's Lesson for a Kinder Society*. New York: Random House, 2009: p. 89.

Fox, Robin. *The Tribal Imagination: Civilization and the Savage Mind.* Cambridge, MA: Harvard University Press, 2011.

Gottschall, Jonathan. *The Rape of Troy: Evolution, Violence, and the World of Homer.* New York: Cambridge University Press, 2008.

Greenblatt, Stephen. *The Swerve: How the World Became Modern.* New York: W. W. Norton, 2011.

Hare, Brian, and Jingzhi Tan. "How much of our cooperative behavior is human?" In Frans B. M. de Waal and Pier Francesco Ferrari, eds., *The Primate Mind: Built to Connect with Other Minds.* Cambridge, MA: Harvard University Press, 2012, pp. 192–193.

Kramer, Adam D. I., Jamie E. Guillory, and Jeffrey T. Hancock. "Experimental evidence of massive-scale emotional contagion through social networks." *Proceedings of the National Academy of Sciences, USA* 111, no. 24 (2014): 8788–8790.

Krause, Bernie. *The Great Animal Orchestra: Finding the Origins of Music In the World's Wild Places.* New York: Little, Brown, 2012.

McGinn, Colin. *Philosophy of Language: The Classics Explained.* Cambridge, MA: MIT Press, 2015.

Patel, Aniruddh D. *Music, Language, and the Brain.* New York: Oxford University Press, 2008.

Patel, Aniruddh D. *Music and the Brain.* Chantilly, VA: The Great Courses, The Teaching Co., 2015.

Thomas, Elizabeth Marshall. *The Old Way: A Story of the First People.* New York: Farrar, Straus and Giroux, 2006.

Tomasello, Michael. *The Cultural Origins of Human Cognition.* Cambridge, MA: Harvard University Press, 1999.

Wiessner, Polly W. "Embers of society: Firelight talk among the Ju/'hoansi bushmen." *Proceedings of the National Academy of Sciences, USA* 111, no. 39 (2014): 14027–14035.

3 语言，创造的真正源泉

Bickerton, Derek. *More than Nature Needs: Language, Mind, and Evolution*. Cambridge, MA: Harvard University Press, 2014.

Boyd, Brian. *On the Origin of Stories: Evolution, Cognition, and Fiction*. Cambridge, MA: Belknap Press of Harvard University Press, 2009.

Carroll, Joseph. *Literary Darwinism: Evolution, Human Nature, and Literature*. New York: Routledge, 2004.

Eibl-Eibesfeldt, Irenäus. *Human Ethology*. New York: Aldine de Gruyter, 1989.

Gottschall, Jonathan. *The Rape of Troy: Evolution, Violence, and the World of Homer*. New York: Cambridge University Press, 2008.

Lamm, Ehud. "What makes humans different." *BioScience* 64, no. 10 (2014): 946–952.

Murdoch, James. "Storytelling—both fiction and nonfiction, for good and for ill—will continue to define the world." *Time* 186, no. 27/28 (2015): 39.

Pinker, Steven. *The Language Instinct: The New Science of Language and Mind*. New York: William Morrow, 1994.

Swirski, Peter. *Of Literature and Knowledge: Explorations in Narrative Thought Experiments, Evolution, and Game Theory*. New York: Routledge, 2007.

Tomasello, Michael. *The Cultural Origins of Human Cognition*. Cambridge, MA: Harvard University Press, 1999.

Tomasello, Michael. *A Natural History of Human Thinking*. Cambridge, MA: Harvard University Press, 2014.

Wilson, E. O. *Naturalist*. Washington, DC: Island Press, 1994.

4 崭新的原创方式带来创新

Baldassar, Anne, et al. *Matisse, Picasso*. Paris: Éditions de la Réunion des musées nationaux, 2002.

Libaw, William H. *Painting in a World Transformed: How Modern Art Reflects Our Conflicting Responses to Science and Change*. Jefferson, NC: McFarland, 2005.

Richardson, John. *A Life of Picasso, Vol. 3: The Triumphant Years, 1917–1932*. New York: Knopf, 2007.

5 审美惊喜，标志性特征触发感悟

Burguette, Maria, and Lui Lam, eds. *Arts: A Science Matter*. Hackensack, NJ: World Scientific Publishing, 2011.

Butter, Charles M. *Crossing Cultural Borders: Universals in Art and Their Biological Roots*. Privately published: C. M. Butter, 2010.

Hughes, Robert. *The Shock of the New: The Hundred-Year History of Modern Art*. New York: Knopf, 1988.

Ornes, Stephen. "Science and culture: Of waves and wallpaper." *Proceedings of the National Academy of Sciences, USA* 112, no. 45 (2015): 13747–13748.

Powell, Eric A. "In search of a philosopher's stone." *Archaeology* 68, no. 4 (July/August 2015): 34–37.

Romero, Philip. *The Art Imperative: The Secret Power of Art*. Jerusalem: Ex Libris, 2010.

Rothenberg, David. *Survival of the Beautiful: Art, Science, and Evolution*. New York: Bloomsbury Press, 2011.

Shaw, Tamsin. "Nietzsche: 'The lightning fire'." Review of K. Michalski, *The Flame of Eternity: An Interpretation of*

Nietzsche's Thought. *New York Review of Books* 60, no. 16 (2013): 52–57.

Sussman, Rachel. *The Oldest Living Things in the World*. Chicago: University of Chicago Press, 2014.

Talasek, John D. "Science and culture: Data visualization nurtures an artistic movement." *Proceedings of the National Academy of Sciences, USA* 112 no. 8 (2015): 2295.

Vendler, Helen. *The Ocean, the Bird, and the Scholar: Essays on Poets and Poetry*. Cambridge, MA: Harvard University Press, 2015.

Wald, Chelsea. "Neuroscience: The aesthetic brain." *Nature* 526, no. 7572 (2015): S2–S3.

6 人类极端中心主义

Dehaene, Stanislas. *Consciousness and the Brain: Deciphering How the Brain Codes Our Thoughts*. New York: Viking, 2014.

de Waal, Frans. *Chimpanzee Politics: Power and Sex Among Apes*. New York: Harper & Row, 1982.

de Waal, Frans. *Are We Smart Enough to Know How Smart Animals Are?* New York: W. W. Norton, 2016.

de Waal, Frans B. M., and Pier Francesco Ferrari, eds. *The Primate Mind: Built to Connect with Other Minds*. Cambridge, MA: Harvard University Press, 2012.

Hare, Brian, and Vanessa Woods. *The Genius of Dogs: How Dogs Are Smarter Than You Think*. New York: Dutton, 2013.

Harpham, Geoffrey Galt. *The Humanities and the Dream of America*. Chicago: University of Chicago Press, 2011.

Krause, Bernie. *The Great Animal Orchestra: Finding the Origins of Music In the World's Wild Places*. New York: Little, Brown, 2012.

Safina, Carl. *Beyond Words: What Animals Think and Feel.* New York: Henry Holt, 2015.

Whitehead, Hal, and Luke Rendell. *The Cultural Lives of Whales and Dolphins.* Chicago: University of Chicago Press, 2015.

7 重科学而轻人文

Burns, Ken, and Ernest J. Moniz. "On the arts and sciences." *Bulletin of the American Academy of Arts & Sciences* 67, no. 2 (2014): 11–21.

Birgeneau, Robert J., et al. "Public higher education and the private sector." *Bulletin of the American Academy of Arts & Sciences* 67, no. 3 (2014): 7–17.

Brodhead, Richard H, and John W. Rowe, eds. *The Heart of the Matter: The Humanities and Social Sciences for a Vibrant, Competitive, and Secure Nation.* Cambridge, MA: The American Academy of Arts & Sciences, 2013.

Gonch, William, and Michael Poliakoff. *A Crisis in Civic Education.* Washington, DC: American Council of Trustees and Alumni, 2016.

Pforzheimer, Carl H. III. "Humanities, education and social policy: The Commission on the Humanities and Social Sciences." *Bulletin of the American Academy of Arts & Sciences* 68, no. 2 (2015): 20–21.

Saller, Richard, et al. "The humanities in the digital age." *Bulletin of the American Academy of Arts & Sciences* 67, no. 3 (2014): 25–35.

8 终极因：人类通过思考来实现生存

Flannery, Kent, and Joyce Marcus. *The Creation of Inequality: How Our Prehistoric Ancestors Set the Stage for Monarchy, Slavery, and Empire*. Cambridge, MA: Harvard University Press, 2012.

Grant, Andrew. "Evolution may favor limited life span." *Science News* 188 no. 1 (2015): 6.

Guadagnini, Walter. *Matisse*. Edison, NJ: Chartwell Books, 2004.

Hughes, Robert. *The Shock of the New: The Hundred-Year History of Modern Art*. New York: Knopf, 1988.

Shackelford, George T. M., and Claire Frèches-Thory. *Gauguin, Tahiti*. Boston: Museum of Fine Arts Publications, 2004.

Westneat, David E., and Charles W. Fox, eds. *Evolutionary Behavioral Ecology*. New York: Oxford University Press, 2010.

Wilson, E. O. *Sociobiology: The New Synthesis*. Cambridge, MA: Belknap Press of Harvard University Press, 1975.

Wilson, Edward O. *On Human Nature*. Cambridge, MA: Harvard University Press, 1978.

Wilson, Edward O. *The Meaning of Human Existence*. New York: Liveright, 2014.

9 基岩：科学与人文融合的三种方式

Gottschall, Jonathan, and David Sloan Wilson, eds. *The Literary Animal: Evolution and the Nature of Narrative*. Evanston, IL: Northwestern University Press, 2005.

Haidt, Jonathan. *The Happiness Hypothesis: Finding Modern Truth in Ancient Wisdom*. New York: Basic Books, 2006.

Pagel, Mark. "Genetics: The neighbourly nature of evolution."

Review of A. Wagner, *Arrival of the Fittest: Solving Evolution's Greatest Puzzle* subtitle changed to *How Nature Innovates* (New York: Current, an imprint of Penguin Books, 2015). *Nature* 514, no. 7520 (2014): 34.

Wilson, Edward O. *The Social Conquest of Earth*. New York: Liveright, 2012.

Wilson, Edward O. *The Meaning of Human Existence*. New York: Liveright, 2014.

10 突破：人类物种变得越来越统一

Antón, Susan C., Richard Potts, and Leslie C. Aiello. "Evolution of early *Homo*: An integrated biological perspective." *Science* 345, no. 6192 (2014): 45.

Brown, Kyle S. et al. "An early and enduring advanced technology originating 71,000 years ago in South Africa." *Nature* 491, no. 7425 (2012): 590–493.

Fox, Robin. *The Tribal Imagination: Civilization and the Savage Mind*. Cambridge, MA: Harvard University Press, 2011.

Heinrich, Bernd. *Racing the Antelope: What Animals Can Teach Us About Running and Life*. New York: Cliff Street, 2001.

Marchant, Jo. "The Awakening." *Smithsonian* 46, no. 9 (2016): 80–95.

Wilson, Edward O. *The Social Conquest of Earth*. New York: Liveright, 2012.

Wilson, Edward O. *The Meaning of Human Existence*. New York: Liveright, 2014.

Wrangham, Richard. *Catching Fire: How Cooking Made Us Human*. New York: Basic Books, 2009.

11 遗传文化：基因与文化协同进化的独特模式

Butter, Charles M. *Crossing Cultural Borders: Universals in Art and Their Biological Roots*. Privately published: C. M. Butter, 2010.

Lumsden, Charles J., and Edward O. Wilson. *Genes, Mind, and Culture: The Coevolutionary Process*. Cambridge, MA: Harvard University Press, 1981.

van Anders, Sari M., Jeffrey Steiger, and Katharine L. Goldey. "Effects of gendered behavior on testosterone in women and men." *Proceedings of the National Academy of Sciences, USA* 112, no. 45 (2015): 13805–13810.

12 天性：四个层面的改变释放创造力

Boardman, Jason D., Benjamin W. Domingue, and Jason M. Fletcher. "How social and genetic factors predict friendship networks." *Proceedings of the National Academy of Sciences, USA* 109, no. 43 (2012): 17377–17381.

Eibl-Eibesfeldt, Irenäus. *Human Ethology*. New York: Aldine de Gruyter, 1989.

Graziano, Michael S. A. *Consciousness and the Social Brain*. New York: Oxford University Press, 2013.

Haidt, Jonathan. *The Righteous Mind: Why Good People Are Divided by Politics and Religion*. New York: Pantheon Books, 2012.

Orians, Gordon H. *Snakes, Sunrises, and Shakespeare*. Chicago: University of Chicago Press, 2014.

Rychlowska, Magdalena, et al. Heterogeneity of long-history migration explains cultural differences in reports of emotional expressivity and the functions of smiles. *Proceedings of the National Academy of Sciences, USA* 112, no.19 (2015): E2429–E2436.

Sussman, Anne, and Justin B. Hollander. *Cognitive Architecture: Designing for How We Respond to the Built Environment*. New York: Routledge, 2015.

Wilson, Edward O. *On Human Nature*. Cambridge, MA: Harvard University Press, 1978.

Wilson, Edward O. *The Social Conquest of Earth*. New York: Liveright, 2012.

13 自然为母：我们赖以生存的环境

Beatley, Timothy. *Biophilic Cities: Integrating Nature Into Urban Design and Planning*. Washington, DC: Island Press, 2011.

McKibben, Bill, ed. *American Earth: Environmental Writing Since Thoreau*. New York: Literary Classics of the U.S. distributed by Penguin Putnam, 2008.

Moor, Robert. *On Trails*. New York: Simon & Schuster, 2016.

Orians, Gordon H. *Snakes, Sunrises, and Shakespeare*. Chicago: University of Chicago Press, 2014.

Williams, Florence. *The Nature Fix: How Being Outside Makes You Happier, and More Creative*. New York: W. W. Norton, 2016.

Wilson, Edward O. *The Future of Life*. New York: Alfred A. Knopf, 2002.

Wilson, Edward O. *Half-Earth: Our Planet's Fight for Life*. New York: Liveright, 2016.

14 猎者凝神：天人合一的极乐境界

Cox, Gerard H. *Blood On My Hands*. Indianapolis, IN: Dog Ear Publishing, 2013.

Essen, Carl von. *The Hunter's Trance: Nature, Spirit, & Ecology*. Great Barrington, MA: Lindisfarne Books, 2007.

15 花园繁盛：人类追寻的精神家园

Beatley, Timothy. *Biophilic Cities: Integrating Nature Into Urban Design and Planning*. Washington, DC: Island Press, 2010.

Buchmann, Stephen. *The Reason for Flowers: Their History, Culture, Biology, and How They Change Our Lives*. New York: Scribner, 2015.

Dadvand, Payam, et al. "Green spaces and cognitive development in primary schoolchildren." *Proceedings of the National Academy of Sciences, USA* 112, no. 26 (2015): 7937–7942.

Kellert, Stephen R., Judith H. Heerwagen, and Martin L. Mador, eds. *Biophilic Design: The Theory, Science, and Practice of Bringing Buildings to Life*. Hoboken, NJ: Wiley, 2008.

Ream, Victoria Jane. *Art In Bloom*. Salt Lake City: Deseret Equity, 1997.

Tallamy, Douglas W. *Bringing Nature Home: How You Can Sustain Wildlife with Native Plants*. Portland, OR: Timber Press, 2009.

Wilson, Edward O. *Biophilia*. Cambridge, MA: Harvard University Press, 1984.

16 借助隐喻：施展语言的魔法

Donoghue, Denis. *Metaphor.* Cambridge, MA: Harvard University Press, 2014.

17 寻找原型：人类共同情感的基础

Boyd, Brian, Joseph Carroll, and Jonathan Gottschall, eds. *Evolution, Literature, and Film: A Reader.* New York: Columbia University Press, 2010.

Coxworth, James E., et al. "Grandmothering life histories and human pair bonding." *Proceedings of the National Academy of Sciences, USA* 112, no. 38 (2015): 11806–11811.

Heng, Kevin, and Joshua Winn. "The next great exoplanet hunt." *American Scientist* 103, no. 3 (2015): 196–203.

McCracken, Robert D. *Director's Choice: The Greatest Film Scenes of All Time and Why.* Las Vegas, NV: Marion St. Publishing, 1999.

18 探索荒岛：发掘相融的创造力

MacArthur, Robert H., and Edward O. Wilson. *The Theory of Island Biogeography.* Princeton, NJ: Princeton University Press, 1967.

Vendler, Helen. *The Ocean, the Bird, and the Scholar: Essays on Poets and Poetry.* Cambridge, MA: Harvard University Press, 2015.

19 运用讽刺：赢得思想的胜利

Sondheim, Stephen. "Send in the Clowns" from *A Little Night Music*, music and lyrics by Stephen Sondheim. New York: Studio Duplicating Service, 446 West 44th Street, 1973.

20 重振哲学：迎接第三次启蒙

Ayala, Francisco J. "Cloning humans? Biological, ethical, and social considerations." *Proceedings of the National Academy of Sciences, USA* 112, no. 29 (2015): 8879–8886.

Catapano, Peter, and Simon Critchley, eds. *The Stone Reader: Modern Philosophy in 133 Arguments*. New York: Liveright, 2016.

Cofield, Calla. "Science and culture: High concept art and experiments." *Proceedings of the National Academy of Sciences, USA* 112, no. 10 (2015): 2921.

Dance, Amber. "Science and culture: Oppenheimer goes center stage." *Proceedings of the National Academy of Sciences, USA* 112, no. 24 (2015): 7335–7336.

Gottlieb, Anthony. *The Dream of Enlightenment: The Rise of Modern Philosophy*. New York: Liveright, 2016.

Johnson, Mark. *Morality for Humans: Ethical Understanding From the Perspective of Cognitive Science*. Chicago: The University of Chicago Press, 2014.

Ornes, Stephen. "Science and culture: Charting the history of Western art with math." *Proceedings of the National Academy of Sciences, USA* 112, no. 25 (2015): 7619–7620.

Ruse, Michael, ed. *Philosophy After Darwin: Classic and Contemporary Readings*. Princeton, NJ: Princeton University Press, 2009.

Sachs, Jeffrey D. *The Price of Civilization: Reawakening American Virtue and Prosperity*. New York: Random House, 2011.

Schich, Maximillian, et al. "A network framework of cultural history." *Science* 345, no. 6196 (2014): 558–562.

Simontin, Dean Keith. "After Einstein: Scientific genius is extinct." *Nature* 493, no. 7434 (2013): 602.

Tett, Gillian. *The Silo Effect: The Peril of Expertise and the Promise of Breaking Down Barriers*. New York: Simon & Schuster, 2015.

Watson, Peter. *Convergence: The Idea at the Heart of Science*. New York: Simon & Schuster, 2016.

Weber, Andreas. *Biology of Wonder: Aliveness, Feeling, and the Metamorphosis of Science*. Gabriola Island, BC: New Society Publishers, 2016.

未来，属于终身学习者

我这辈子遇到的聪明人（来自各行各业的聪明人）没有不每天阅读的——没有，一个都没有。巴菲特读书之多，我读书之多，可能会让你感到吃惊。孩子们都笑话我。他们觉得我是一本长了两条腿的书。

——查理·芒格

互联网改变了信息连接的方式；指数型技术在迅速颠覆着现有的商业世界；人工智能已经开始抢占人类的工作岗位……

未来，到底需要什么样的人才？

改变命运唯一的策略是你要变成终身学习者。未来世界将不再需要单一的技能型人才，而是需要具备完善的知识结构、极强逻辑思考力和高感知力的复合型人才。优秀的人往往通过阅读建立足够强大的抽象思维能力，获得异于众人的思考和整合能力。未来，将属于终身学习者！而阅读必定和终身学习形影不离。

很多人读书，追求的是干货，寻求的是立刻行之有效的解决方案。其实这是一种留在舒适区的阅读方法。在这个充满不确定性的年代，答案不会简单地出现在书里，因为生活根本就没有标准确切的答案，你也不能期望过去的经验能解决未来的问题。

湛庐阅读APP：与最聪明的人共同进化

有人常常把成本支出的焦点放在书价上，把读完一本书当做阅读的终结。其实不然。

时间是读者付出的最大阅读成本
怎么读是读者面临的最大阅读障碍
“读书破万卷”不仅仅在“万”，更重要的是在“破”！

现在，我们构建了全新的“湛庐阅读”APP。它将成为你“破万卷”的新居所。在这里：

- 不用考虑读什么，你可以便捷找到纸书、有声书和各种声音产品；
- 你可以学会怎么读，你将发现集泛读、通读、精读于一体的阅读解决方案；
- 你会与作者、译者、专家、推荐人和阅读教练相遇，他们是优质思想的发源地；
- 你会与优秀的读者和终身学习者为伍，他们对阅读和学习有着持久的热情和源源不绝的内驱力。

从单一到复合，从知道到精通，从理解到创造，湛庐希望建立一个“与最聪明的人共同进化”的社区，成为人类先进思想交汇的聚集地，共同迎接未来。

与此同时，我们希望能够重新定义你的学习场景，让你随时随地收获有内容、有价值的思想，通过阅读实现终身学习。这是我们的使命和价值。

湛庐CHEERS

湛庐阅读APP玩转指南

湛庐阅读APP结构图：

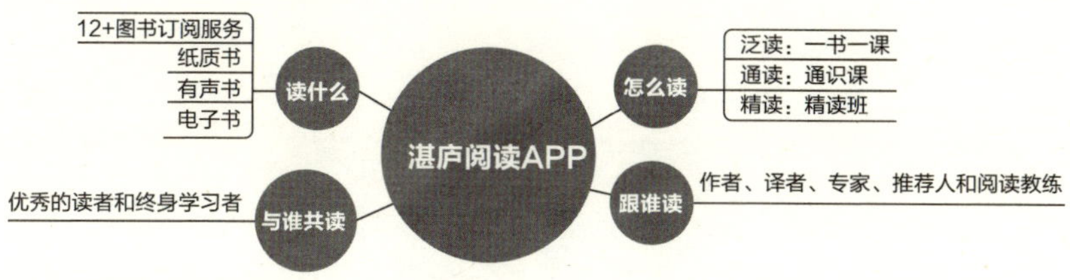

三步玩转湛庐阅读APP：

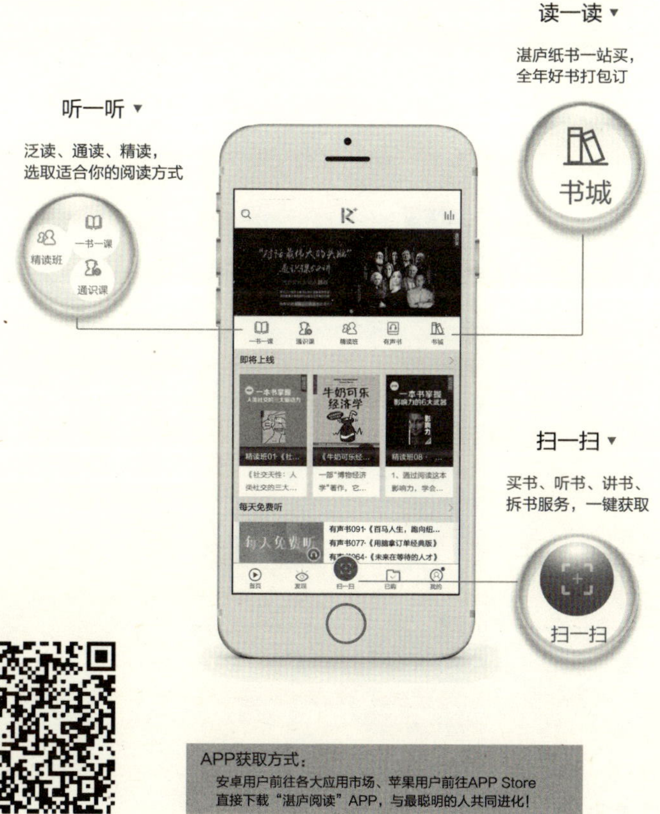

APP获取方式：

安卓用户前往各大应用市场、苹果用户前往APP Store 直接下载“湛庐阅读”APP，与最聪明的人共同进化！

使用APP扫一扫功能，遇见书里书外更大的世界！

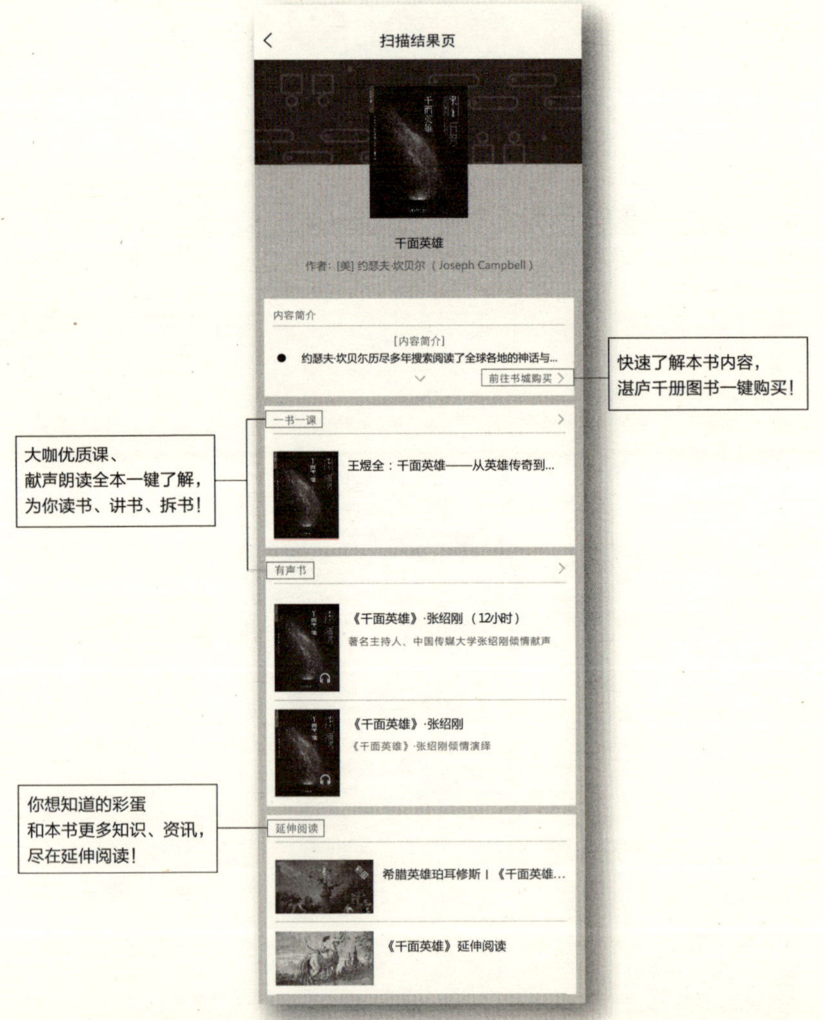

延伸阅读

《半个地球》

◎ “社会生物学与生物多样性之父”、两届普利策奖得主、殿堂级的科学巨星爱德华·威尔逊重磅力作！

◎ 北京大学哲学系教授刘华杰、中国科学院大学教授李大光等倾情推荐！

◎ 警示全球物种灭绝的悲剧，探寻地球发展的出路与未来！

《人类存在的意义》

◎ “社会生物学之父”、两届普利策奖得主、进化生物学先驱、殿堂级的科学巨星爱德华·威尔逊重磅新书，跨越人文科学与自然科学的鸿沟，追索社会进化的源动力！

◎ 北京大学哲学系教授刘华杰，美国前副总统阿尔·戈尔，环境保护主义理论家、畅销书《幸福经济》作者比尔·麦吉本，著名脑神经学家、科普作家奥利弗·萨克斯，著名全球发展问题专家、畅销书《贫穷的终结》作者杰弗里·萨克斯鼎力推荐。

◎ 爱德华·威尔逊继《生命的未来》《缤纷的生命》《半个地球》之后又一聚焦人类与其他物种的相互关系，探寻人类存在的终极意义的倾情力作！

《动物武器》

◎ 从动物武器到人类战争，一本书读懂武器进化史，妙趣横生，又让人茅塞顿开！

◎ 著名学者、“伯凡时间”创始人吴伯凡，华大基因CEO尹烨，北京大学生命科学学院教授谢灿，《三联生活周刊》主笔贝小戎，国家博物馆讲解员河森堡，“社会生物学之父”爱德华·威尔逊等知名大咖鼎力推荐！

◎ 荣获美国大学优等生联谊会“科学图书奖”，一本有趣又有料的“新博物学”佳作！

《适者降临》

◎ 颠覆主流达尔文进化论，揭示自然界的进化智慧，阐释现代技术视角下的进化动力和起源。

◎ 畅销书《人体的故事》作者丹尼尔·利伯曼，科技史学家乔治·戴森，科普作家马特·里德利鼎力推荐！

图书在版编目（CIP）数据

浙江省版权局
著作权合同登记章
图字:11-2018-427 号

创造的本源 /（美）爱德华·威尔逊著；魏薇译.
—杭州：浙江人民出版社，2018. 10
书名原文：THE ORIGINS OF CREATIVITY
ISBN 978-7-213-08932-9

Ⅰ.①创… Ⅱ.①爱… ②魏… Ⅲ.①创造学 Ⅳ.
①G305

中国版本图书馆 CIP 数据核字（2018）第 216667 号

上架指导：社会科学

创造的本源

［美］爱德华·威尔逊　著
魏　薇　译

出版发行：浙江人民出版社（杭州体育场路 347 号　邮编　310006）
市场部电话：（0571）85061682　85176516
集团网址：浙江出版联合集团　http://www.zjcb.com
责任编辑：朱丽芳
责任校对：陈　春
印　　刷：北京盛通印刷股份有限公司
开　　本：880 mm × 1230 mm　1/32　　印　　张：6.75
字　　数：125 千字
版　　次：2018 年 10 月第 1 版　　印　　次：2018 年 10 月第 1 次印刷
书　　号：ISBN 978-7-213-08932-9
定　　价：69.90 元

如发现印装质量问题，影响阅读，请与市场部联系调换。